北京决策气象服务技术手册

甘　璐　王媛媛　吴宏议　施洪波　主编

气象出版社
China Meteorological Press

内 容 简 介

本手册介绍了北京超大城市决策气象服务需求与挑战，以及经过多年经验积累形成的业务支撑体系，包括首都城市安全运行业务支撑体系、"3+2"数智化决策气象服务体系，以及决策服务经验积累。针对北京超大城市保障要求，分析不同类型天气的特点和递进式决策气象服务要点，并选取典型天气案例，回顾气象服务过程。同时，介绍了数字化、智能化融入城市决策气象服务开展情况，包括气象部门与决策部门联动机制、城市运行保障、城市气候服务、风险预估及重大活动等。最后，从当前面临的总体形势出发，提出推进决策气象服务高质量发展的对策与建议。

本手册可供从事气象服务和防灾减灾工作的业务人员、管理人员和研究人员借鉴和参考。

图书在版编目（CIP）数据

北京决策气象服务技术手册 / 甘璐等主编. -- 北京：
气象出版社，2024. 7. -- ISBN 978-7-5029-8224-9

Ⅰ. P49-62

中国国家版本馆 CIP 数据核字第 2024376SB8 号

北京决策气象服务技术手册
Beijing Juece Qixiang Fuwu Jishu Shouce

甘 璐 王媛媛 吴宏议 施洪波 主编

出版发行：气象出版社

地　　址：北京市海淀区中关村南大街 46 号		邮　　编：100081	
电　　话：010-68407112（总编室）　010-68408042（发行部）			
网　　址：http://www.qxcbs.com		E-mail：qxcbs@cma.gov.cn	
责任编辑：王元庆		终　　审：张　斌	
责任校对：张硕杰		责任技编：赵相宁	
封面设计：艺点设计			
印　　刷：北京建宏印刷有限公司			
开　　本：787 mm×1092 mm　1/16		印　　张：13.5	
字　　数：349 千字			
版　　次：2024 年 7 月第 1 版		印　　次：2024 年 7 月第 1 次印刷	
定　　价：88.00 元			

本书编委会

主　　编：甘　璐　王媛媛　吴宏议　施洪波

参编人员（按姓氏拼音排列）：

丁青兰　杜吴鹏　胡瑞卿　荆　浩　李浚河　李晓艳

李颖若　栾庆祖　马建立　马小会　王　华　王　辉

荀　璐　杨　洁　尹晓惠

专家顾问（按姓氏拼音排列）：

段欲晓　郭金兰　郭文利　李　超　刘　强　乔　林

王　冀　王维国　王亚伟　吴瑞霞　于　波　张立生

张迎新

　　决策气象服务面向各级党委、政府和有关部门决策层提供气象信息，是具有全局性、战略性的气象服务，既要体现科学性，也要把握服务的艺术性。科学性体现在预报信息的准确性，特别是面对复杂的天气过程，分析研判出精准的预报是一个极大的挑战。艺术性则体现在将预报的不确定性转化为确定性的描述，在学科的专业性与用户需求之间更好地搭建桥梁。决策气象服务就是要站在决策者的角度，把预报的结论用科学、精致又通俗的方法传递到用户，需要高超的技巧。因此，无论是对于气象服务人员的综合能力，乃至心理素质都是极大的考验。

　　虽然随着科学技术的快速发展，北京地区天气预报的精准度和预警提前量不断提升。但是，北京作为政治中心、文化中心、国际交往中心、科技创新中心，经济规模不断增加，人民生活水平不断提高，对气象服务的精准度、精细化、及时性的要求也越来越高。在天气预报准确率短时间内难以大幅度提升的前提下，如何更好地开展决策气象服务，需要不断总结经验，通过建立更加全面、更加规范的服务模式来满足新的更高的要求。

　　参加编写的人员均为长期工作在一线的预报服务人员，具有丰富的实战经验，冀期对以往的研究成果和业务服务经验进行全面的梳理、总结，为决策气象服务人员提供一些借鉴。同时，也是参与编写人员沉静下来体味和盘整过往的每一次重要气象服务经历，在今后的实践中，继续对气象服务技术和经验进行总结和研究，不断丰富和完善决策气象服务的方法和技巧。

北京市气象局党组书记、局长

2024 年 6 月

前言

气象现代化是中国式现代化的重要组成部分，也是中国式现代化在气象领域的具体实践。气象部门明确提出了新阶段以中国式现代化推动气象高质量发展的主攻方向和着力点，即推进气象科技能力现代化和气象社会服务现代化。决策气象服务作为气象社会服务现代化最重要的组成部分，也是最具有中国特色的气象服务，在防灾减灾、重大活动、生态文明建设等国家重大战略部署中发挥着越来越重要的作用。

为了进一步做好北京超大城市决策气象服务工作，提高决策气象服务针对性，更好地发挥防灾减灾气象服务效益，按照数字化、智能化发展的理念和思路，编制完成了《北京决策气象服务技术手册》。为了使本手册能真正成为从事城市运行气象服务人员的参考和可用之书，编委会全体成员查阅了大量文献和参考资料，历经多次认真研讨和修改。同时，聘请国家气象中心、北京市气象局的专家担任顾问，他们对本手册提出了许多宝贵的意见和建议。本手册编写得到中国气象局决策气象服务专项和中国气象局软科学研究项目资助。北京市气象局领导及专家对本手册的编写给予了高度重视和大力支持。

本手册共分5章，由甘璐、王媛媛、吴宏议、施洪波负责手册设计、组织编写和文稿审定工作。其中，第1章为决策气象服务需求与挑战，由甘璐、胡瑞卿负责撰写。第2章为北京决策气象服务体系，主要由甘璐撰写（其中，2.1.1 节由王辉撰写，2.1.2 节由马建立、王辉撰写，2.1.3 节由荀璐撰写）。第 3 章为递进式决策气象服务及要点，主要由王媛媛负责统稿（其中，3.1 节和 3.2 节由王媛媛、李浚河撰写，3.3 节由丁青兰、荆浩撰写，3.4 节由荆浩撰写，3.5 节由李颖若撰写，3.6 节由李晓艳撰写，3.7 节由马小会撰写，3.8 节由尹晓惠撰写，3.9 节由甘璐撰写）。第 4 章为城市决策服务及重大活动保障，主要由吴宏议撰写（其中，4.1.2 节由王华撰写，4.2.1 节由施洪波撰写，4.2.2 节由杜吴鹏撰写，4.2.3 节由栾庆祖撰写）。第 5 章为未来发展，由甘璐、胡瑞卿撰写。附录还汇编了日常业务常用的标准规范，以及全年决策服务周年方案等内容。

本手册的很多内容参考了许多人的研究成果，除参考文献所列正式刊登的论文、论著外，还有很多资料来自会议、报告、方案等素材。对没有正式发表的文献未能一一列出作者和出处，恳请有关人员谅解，在此深表谢意。随着新技术和气象业务不断发展，今后的工作中将不断地对本手册进行补充、修订。由于时间仓促和编者经验有限，书中的错漏之处在所难免，希望广大读者提出宝贵意见和建议，以便及时更正。

编者

2023 年 12 月

目　录
CONTENTS

第 1 章
决策气象服务需求与挑战

1.1 决策气象服务定义

1.1.1 基本定义

决策气象服务是指为党中央、国务院和地方政府及其相关部门制定经济社会发展规划、指挥生产、组织防灾减灾、应对气候变化、合理开发利用资源、实施生态环境保护以及重大社会活动举办、重大工程建设、军事与国防建设等方面科学决策所提供的气象信息服务。决策气象服务的目的是在第一时间让决策部门获得科学、及时、有决策价值、"信达雅"① 的气象信息。

气象灾害在我国平均每年造成的经济损失占全部自然灾害损失的 70% 以上（图 1.1）。随着社会经济的发展，自然灾害对经济发展的影响呈现明显上升趋势。特别是近年来极端天气气候事件频发、多发，不利气象条件的影响日益引起党和政府及社会各界的广泛关注。决策气象服务在政府组织开展的自然灾害防御、事故灾难救援、突发事件应对和重大活动保障中发挥着越来越重要的作用。

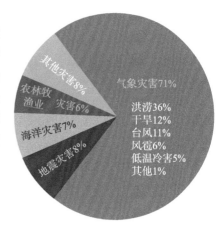

图 1.1 自然灾害造成的损失占比情况

1.1.2 北京决策气象服务职责

北京决策气象服务主要承担两方面职责：

一是承担着首都超大城市安全运行保障的职责。充分发挥北京市气象台（北京市决策气

---

① 信达雅："信"表示预报信息要准确；"达"表示文字要通顺、流畅；"雅"表示语言要得体、简明优雅。

象服务中心）"小实体"的关键作用，以及各业务单位、区气象局和职能处室"大网络"的支撑作用，面向中国气象局、北京市委、市政府、以及全市各委办局防灾减灾、城市安全运行、生态文明建设、乡村振兴战略等多领域，提供天气预报、气候预测、气象灾害风险分析和影响评估等决策气象信息。决策气象信息在城市安全运行、应急管理、交通安全、能源调度、森林防火、扫雪铲冰、污染防治等的融入度不断提高。气象信息全面融入大应急管理体系，第一时间覆盖到达基层"最后一公里"。

二是为重大活动组委会提供精准气象决策信息。北京政治中心、文化中心、国际交往中心、科技创新中心"四个中心"的定位，决定了重大活动数量多，气象服务保障要求高。据不完全统计，北京每年承担的重大活动气象保障任务 30 余项，最多可达 43 项。某些年份重大活动气象保障的任务量和产品数甚至超过日常城市安全运行保障。因此，重大活动气象保障已经成为决策气象服务重要组成部分。

1.2　北京决策气象服务需求

北京超大城市特点突出，北京的气象服务不仅要保障城市安全运行，服务民生和经济社会发展，更要服务好中央领导机关和国家的国际交往，对"监测精密、预报精准、服务精细"的要求更高。气象服务工作需要动态把握决策部门的需求，努力增强决策气象服务的敏锐性、主动性、针对性、综合性，确保第一时间让决策部门获得准确、科学、有决策价值的气象服务信息。立足北京"四个中心"定位，提出对标"四个服务"的气象保障要求，北京超大城市决策气象服务需求包括如下四个方面。

1.2.1　防范应对极端天气

北京三面环山的特殊地形和大城市复杂下垫面状况，导致天气系统复杂多变，并且呈现极端性、局地性、突发性和灾害多发频发的特点。首都的特殊区位，使气象灾害具有明显的连锁效应和放大效应。北京市政府对防汛工作提出"不死人、少伤人、城市不看海、财产少损失、不出现热点负面舆情"工作目标，要求气象服务"坚决构筑防灾减灾第一道防线"，落区精细到乡镇街道和沟域，强度和量级精准到接近实况的要求。决策气象服务已不满足于"预报发得出、专报收得到"，而是对服务质量、个性化水平、及时性、针对性提出更高的要求。

1.2.2　支撑韧性城市建设

韧性城市旨在提升抗御重大灾害能力、适应能力和快速恢复能力。北京市"十四五"规划提出"建设韧性城市，加强综合防灾、减灾、抗灾、救灾能力和应急体系建设"的重点任务。要求气象部门"要把韧性城市、海绵城市的理念和要求融入城市规划建设管理之中,不断提高气象灾害风险防范应对能力,全力保障人民群众生命财产安全和城市有序运行"。韧性城市发展对气候变化规律、气候容量、气象灾害恢复等技术支撑提出新需求。当前,政府部门和各行各业转型,需要构建与之匹配的智慧气象服务体系。

1.2.3　服务保障重大活动

北京年均 30 余场重大活动,重大活动保障要求"精精益求精、万万无一失",对气象服务提出"提前量越长越好""定时定点定量""零失误"的极高要求。从定时、定点、定量,向零失误、长预期提档升级。重大活动保障不再局限于日常天气预报内容和气象要素,超出预期的气象保障需求给气象业务带来极大挑战。特别是高影响天气与重大活动关键时间节点叠加时,既要保障城市安全运行,也要为活动保障部门提供高标准服务,产品种类杂、数量多,要在规定时间内发出,对工作效率、信息一致性等都提出新的要求。

1.2.4　赋能生态文明发展

北京城市总体规划和率先实现"双碳"目标要求气象服务在城市规划建设、生态环境整治、生态涵养区建设、绿色健康生活等方面做出新贡献。"绿色发展、循环发展、低碳发展"将成为未来发展趋势,气象在赋能污染防治、生态涵养区建设、绿色生活等提出新需求。北京数字经济发展和国际消费中心建设在产业提质增效和满足"人民对美好生活的向往"方面,都对数字化、专业化、智慧化气象服务提出新要求。

1.3　决策气象服务面临挑战

北京西部、北部为群山环绕,东南大部地区为平原,这种独特的地理分布使得北京的天气复杂多变,天气可预报性降低,叠加北京城市安全运行的高要求,决策气象服务面临极大挑战。

1.3.1　地形地貌使得天气可预报性低

北京位于华北平原的西北部(图 1.2),东西宽约 160 km,南北长约 176 km,总面积 16410 km²。北京地处山地与平原的过渡地带,山地面积约占总面积的 62%。北京西部山区属太行山脉,俗称西山;北部和东北部的山区为军都山,属燕山山脉。总体地势西北高、东南低;西部、北部和东北部三面环山,东南部是一片缓缓向渤海倾斜的平原,形成一个背山面海的特殊地形,俗称"北京湾"。北京平均海拔高度为 43.5 m,山脊海拔高度在

1000～1500 m，平原地区海拔高度在 20～60 m。最高的山峰为京西门头沟区的东灵山，海拔高度 2303 m；最低为通州区东南边界。整体看来，北京的地形背山面海，就像一个簸箕，非常有利于触发强烈对流天气，在山脉前产生暴雨。

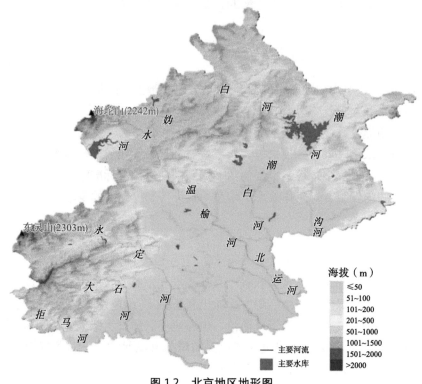

图 1.2　北京地区地形图

　　另外，北京境内有大小河流共 425 条，分属海河流域的五大水系，包括西南部的大清河水系、西部和中南部的永定河水系、中部和东南部的北运河水系、东北部和东部的潮白河水系、东部的蓟运河水系。这些水系都发源于西部和北部山地，乃至蒙古高原。它们在穿过崇山峻岭之后，便流向东南，蜿蜒于平原之上。北京市有水库 85 座，其中大型水库有密云水库、官厅水库、怀柔水库、海子水库。错综复杂的水系分布，给北京水循环调节和天气的局地性带来影响，增加了预报难度。如，雷暴越过山脉向城区移动过程中是增强还是减弱，始终是天气预报的难点。

1.3.2　降雨及气候季节特征明显

　　北京为典型的半湿润半干旱季风型大陆性气候，地理位置处在大陆干冷气团向东南移动的通道上，每年从 10 月至次年 5 月几乎完全受来自于西伯利亚的干冷气团控制，只有 6—9 月前后三个多月受到海洋暖湿气团的影响。加上北京独特的地形地貌，使得北京地区降雨及气候季节特征明显。

　　（1）降水集中且降水强度大。降水主要集中在夏季，7 月、8 月尤为集中（图 1.3）。由于暖湿气团和干冷气团的势力消长、互相推移等变化，使降水量的年际变化很大，丰水年和枯水年雨量悬殊，丰水年与枯水年的降水量相比可达数倍。由于降水时段高度集中，即使枯水年，局部地势低洼地区也容易积水成涝。小时降雨量超过 100 mm 的现象十分普遍，甚至短短 5 min 内降雨量就达到 20 mm。

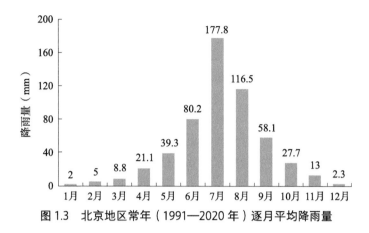

图 1.3　北京地区常年（1991—2020 年）逐月平均降雨量

（2）降水量空间分布不均匀。对于同一个地区来说，降水量的年际变化很大。来自于东南的暖湿空气受燕山及太行山的抬升作用影响，在山前迎风坡形成多雨区，而背风坡形成少雨区（图 1.4）。通常情况下，北京暴雨的持续时间不足 24 h。局地性降雨特征明显，经常出现全市平均降雨量不足 5 mm，局地达暴雨量级以上的降雨过程。

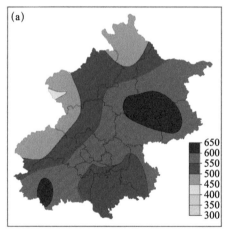
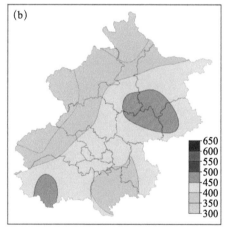

图 1.4　北京地区常年（1991—2020 年）平均降雨量空间分布（单位：mm）
（a. 全年；b. 汛期）

（3）山前平原增温显著。冷空气由于受山脉阻挡以及下沉增温作用，致使北京平原地区冬季气温比邻近的同纬度地区偏高，形成山前暖区。

（4）风向日变化显著。"北京湾"的特殊地形使得北京地区山谷风明显，平原地区午后多偏南风，午夜转偏北风。南口、古北口等地，沿山间河谷形成较周围地区风速明显偏大的风口。

（5）四季分明，冬季最长，夏季次之，春、秋短促。冬季常年平均 146 d，夏季 116 d，春季 55 d，秋季 48 d。北京的春季冷暖空气活动频繁，气温多变，日较差大，易发生大风、沙尘天气；夏季炎热多雨，是雷暴、大风、强降水等对流性天气的多发季节；秋季晴朗少雨，舒适宜人；冬季寒冷干燥、多风少雪。

1.3.3 决策用户对优质气象服务的期望不断提高

新发展阶段，极端天气气候事件频发、重发，给人民群众生命财产安全造成严重威胁，人民群众生产生活的气象服务需求量增长且更加多元化、个性化。防范化解气象灾害和气候变化对城市运行安全、能源安全、生态安全、水安全等带来的风险挑战，迫切需要推动气象高质量发展，筑牢气象防灾减灾第一道防线，提高经济社会抵御气象灾害风险的能力和韧性。随着人民对美好生活的向往，对优质气象服务的期望高于天气预报准确率和综合保障能力的提升。决策用户对天气预报的精准度、气象信息获取的便捷性，以及气象服务内容等都提出极高的要求。

第 2 章
北京决策气象服务体系

针对北京超大城市运行特点和气象服务保障要求，北京气象工作者经过长期实践，围绕"监测精密、预报精准、服务精细"，建立了支撑首都城市安全运行的业务支撑体系。在此基础上，构建"3+2"数智化决策气象服务体系，数字化、智能化融入城市安全运行。本章主要介绍北京决策服务业务支撑体系、数智化决策服务体系、决策材料撰写、气象服务策略、决策服务工作要求等。

2.1 业务支撑体系

2.1.1 气象观测体系

2008 年北京夏季奥运会以来，北京市气象局加快构建协同立体高质量气象监测网，着力完善北京及周边气象站网布局优化和建设（图 2.1）。目前，北京多要素自动气象站乡镇覆盖率、自动化率达到 100%，城区平均间距 3～5 km，郊区为 6～8 km，并实现了周边省（市）自动气象站站点资料的实时共享。2019—2023 年，北京地区综合气象观测系统运行稳定，自动气象站和新一代天气雷达业务数据可用率均在 98% 以上。另外，率先实现 X 波段双偏振雷达组网观测，通过数据格式和传输标准化改造，现已并入中国气象局业务考核运行。高分卫星、风云系列卫星、S 波段双偏振天气雷达、X 波段双偏振天气雷达、风廓线雷达、云雷达等现代化观测设备的运用，为城市安全运行提供了强有力的城市感知数据支撑。此外，为满足北京超大城市保障需求，气象部门积极推进云高仪、微波辐射计、微雨雷达、测风激光雷达等新设备的应用。新型现代化观测设备的应用弥补了常规气象观测的不足，提高了气象观测的精度和效率，往往在关键节点深度分析天气的细微变化时产生意想不到的效果。气象立体观测设备的深入运用，时刻监测北京及周边天气风云变化，为城市安全运行气象服务提供强有力支撑，也为北京常态化的重大活动气象保障提供决策参考。

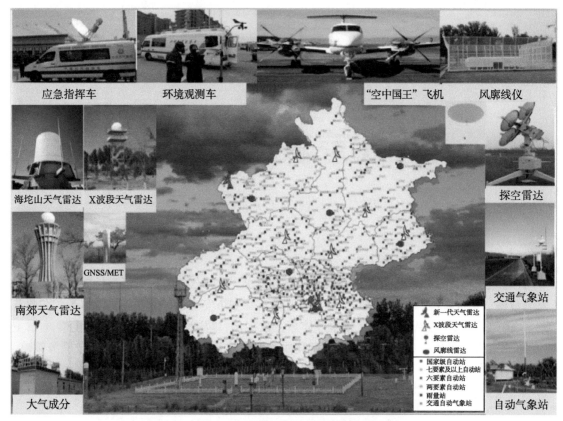

图 2.1 北京地区气象观测设备布局（截至 2023 年）

2.1.2 短临监测体系

2.1.2.1 监测预警平台

持续推进北京短临预报预警服务一体化平台建设（图 2.2），从单一的多源数据综合显示功能，到"三维三进"[①]机制的融入，再到高分辨率快速更新模式产品和 AI 算法融入，逐步向用户深度感知的全方位三维综合显示方向发展。平台集成综合监测、自动报警、客观预报预警、快速交互制作产品、一键式推送发布、全流程监控等功能。强对流概率预报、对流初生判别产品等已集成至一体化平台，支持市、区两级对客观化产品进行快速交互订正，快速制作精细化到乡镇、街道的文字或图形等预警产品。同时，实现了网格预报与预警信号互联互通、多灾种预警信号"多箭齐发"、面向预报员与决策用户的"情景再现"、以及定制式"靶向"决策服务。

2.1.2.2 雷达组网系统

为解决北京 S 波段雷达探测盲区问题，北京市气象局于 2014 年谋划并率先构建了高密度双偏振雷达观测网（图 2.3）。目前，平均站网密度 48 km，监测覆盖率 100%。为解决强

---

① 三维三进：三维即强度、区域、时段；三进即渐进式预警、递进式预报、跟进式服务。

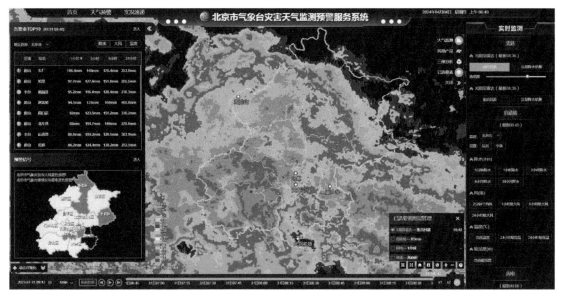

图 2.2　综合监测一体化平台

对流天气自动识别和快速预警难题，在多源资料融合、快速判识、临近预报、自动预警等方面研发和集成了核心技术，包括强对流概率预报、对流初生判别等。针对强对流天气快速监测判识问题，兼顾 S 波段雷达探测范围广、X 波段雷达探测精细的优势，研发北京睿图 – 雷达系统，实现京津冀雷达组网产品高效展示与业务运用。实现了大小雷达数据融合，既保留大雷达探测范围大的优势，又保留小雷达精密探测优势。同时，研发了系列短临监测产品（图 2.4），包括降水相态、短时强降水、冰雹和雷暴大风自动识别和 1 h 外推等 21 种组网产品。

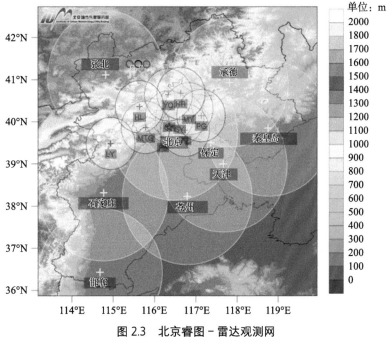

图 2.3　北京睿图 – 雷达观测网

图 2.4　部分雷达组网产品样例

2.1.2.3　一致性标校技术

此外，为了进一步提升 X 波段雷达观测的精准性，解决多部雷达对同一区域观测时可能存在较大偏差的问题，特别是针对强对流天气易发区，雷达运行或定标可能会导致雷达定量降水估测或监测预警产品产生较大误差，因此建立了一套适用于组网 X 波段雷达数据一致性的标校方法（图 2.5）。通过业务应用和技术研发，形成通过信号源法、喇叭法、太阳法、金属球法、小雨法、天顶标定法等多源标校手段确保单部雷达准确性，并在雷达运行期间判识合适天气系统和评估区域，借助地面验证设备等一致性评估方法实现组网雷达数据一致性的实时监测，从而确保组网雷达在实时业务运行中数据的准确性，实现精准监测预警的技术支撑。

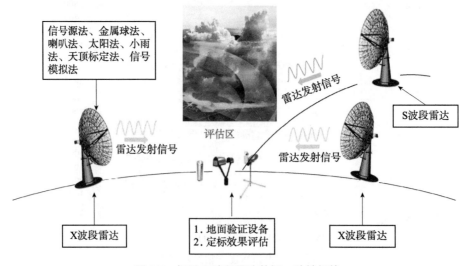

图 2.5　组网 X 波段雷达数据一致性标校

2.1.3　智能网格业务

北京市气象台持续推进智能网格业务体系建设。2016 年 12 月北京地区智能化无缝隙格点分析预报系统（iGrAPS）正式投入业务应用，通过不断优化智能预报业务流程，建立了 0～10 d 智能网格预报产品体系（图 2.6）。2017 年北京的智能网格业务在全国首批获准单轨运行，2022 年作为首个试点省份，率先完成国省智能网格预报集约化业务流程建设，智能网格预报水平不断提高。以温度、强对流落区、风预报的客观技术研发为重点，先后研发了短中期降水预报－频率匹配法、温度 MOS 训练期方法和历史相似个例订正法等客观预报技术。目前，网格产品已实现每天"7+N"次主客观融合预报和 0～12 h 降水与温度预报的逐 10 min 客观滚动订正。以智能网格预报产品为底座支撑，数字化、智能化气象服务产品陆续上线，为城市安全运行决策气象服务和重大活动精细化气象保障提供支撑。

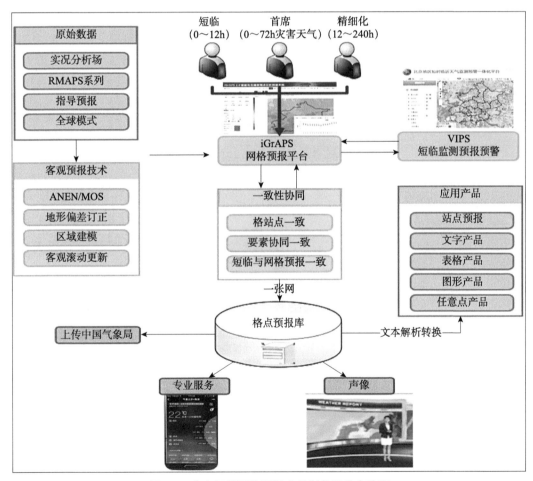

图 2.6　北京智能网格预报产品制作和发布流程

基于大数据、人工智能技术研发针对不同气象要素的客观预报技术方法，支撑智能网格预报业务。以强对流为例，基于高时空分辨率的睿图－短期模式和 EC 产品，重构包含局地空域信息的判别指标；通过多组消空方法对比实验评估多因子效果，并选取最优消空方案；

根据逐月动态评分，遴选最优的强对流阈值；最后，根据动态检验实时获取多模式动态最优模式产品。

2.1.4 睿图区域模式

针对大城市精细化客观预报预警技术难点，北京城市气象研究院以提升大城市精细化客观预报预警准确率为目标，持续发展新一代无缝隙、β 中尺度到 γ 中尺度、考虑城市陆面和气溶胶等影响的多物理过程睿图模式体系（图 2.7）。睿图数值模式体系共包括短期、临近、化学、集合、城市、大涡、陆面同化、海洋、云催化和集成 10 个子系统，集天气 - 环境 - 城市为一体的多物理过程模式体系。近年来，睿图数值模式性能不断提升，研发的"睿图"中尺度系列数值模式预报产品、多源融合实况分析业务产品等为精细化预报提供了科学方法。同时，聚焦大城市 0～24 h 短时临近预报准确率提升，实现 10 min 更新、500 m 分辨率的客观分析和预报。为冬奥复杂地形气象保障研发的"百米级、分钟级"精细化模拟技术（图 2.8），已迁移至东城、西城等关键区域，不断提高大城市关键点位的精细化气象预报预警能力。

图 2.7　北京城市气象研究院睿图模式体系

2.1.5 综合显示系统

建成北京气象综合显示系统，集成气象业务数据及产品的查询和统计，包括京津冀观测站数据、特种观测资料、天气预报预警产品、气象服务产品、睿图区域模式、长时间序列气候资料统计，以及市水务局等委办局共享数据，为决策气象服务的统计查询提供支撑。特别是长时间序列的历史统计，针对不同需求更加快速便捷地获取关键信息。气象服务人员可以进行快速统计、查询、分析等工作，并开展决策气象服务。

图 2.8 不同尺度精细化模拟

2.2 数智化决策服务体系

2.2.1 顶层规划设计

2.2.1.1 "3+2"数智化顶层设计

北京决策气象服务既要为城市安全运行提供气象决策信息，也要经常性地为重大活动组委会提供气象服务产品。特别是高影响天气与重大活动关键时间节点相叠加时，需要同时兼顾城市安全运行服务及重大活动保障，数字化、智能化的需求更为迫切。结合北京决策气象服务需求和高质量发展要求，从气象业务人员、决策服务用户、业务管理者三个维度，提出"3+2"数智化决策气象服务体系（图 2.9）。其中，"3"是指数字化业务、智能化服务和集约化管理。"2"是指考核评价体系和标准规范体系。数智化决策气象服务体系在新一代信息网络的支撑下，实现了针对决策用户的多方式响应机制，全方位融入城市安全运行管理。

数智化决策气象服务体系的核心内涵主要有三方面：

一是以业务数字化驱动为核心贯穿全流程。建立从数据到决策产品的数字化业务，气象服务人员仅在关键环节进行干预，更多的时间聚焦在高影响天气、转折性天气分析，以及重大活动保障关键时间节点。低效的、重复的劳动明显减少，使得业务值班工作更有成就感，让气象工作者切身感受到数字化带来的便利和效率的提高。

二是以服务智能化为目的的全方位融入。面对决策用户产品需求、服务方式等不确定性问题，通过气象部门自建的智能决策指挥系统、北京决策气象 APP、气象数据 API 接口服务等，探索多方式响应机制，全方位融入城市安全运行管理。让城市管理决策者随时、随地感受到个性化、定制化和协同化需求相结合的智能化气象服务。

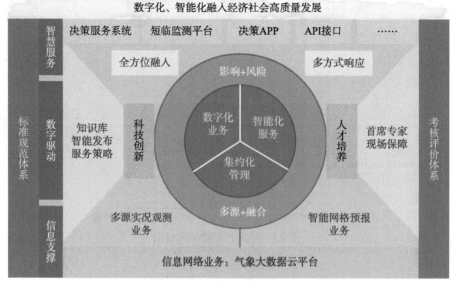

图 2.9 "3+2"数智化决策服务体系顶层设计

三是以管理集约化为支撑的决策服务流程。建立汛期与非汛期、重大活动关键期与日常业务"平战结合"的值班模式。通过创新考核机制，实行针对气象服务人员的月检查、季考核制度，进一步突出评价对业务有提升作用的工作，进而与数智化决策服务体系建设形成良性循环。

2.2.1.2　数智化全流程设计

基于数智化决策气象服务体系顶层设计，建立数智化全流程融入设计（图 2.10），初步实现了从多源数据到决策服务产品的数字化业务，全面融入城市安全运行管理。同时，模块之间数据及产品可以互联互通。如，重大活动智能产品制作子系统的数字化预报，除了可以转化为重大活动专报外，还可以基于重大活动决策指挥系统实现基于位置的可视化显示，为现场服务提供支撑。

遵循"减量提质、创新驱动"的原则，重点研发北京数智化决策气象服务平台、智能决策指挥系统（决策版 VIPS）和北京决策气象 APP，分别满足决策服务产品智能制作发布、决策用户查看气象关键信息，以及基于移动端随时、随地查看气象信息的现场服务需求。

2.2.2　数智化决策服务平台

决策气象服务工作需要的基础资料多、材料制作时间短、发布范围广、应急响应要求高，为保障业务人员在最短时间内从海量资料中获取关键信息，快速制作发布决策气象服务材料提供支撑，迫切需要构建智能、便捷的决策气象服务平台。数智化决策气象服务平台立足于北京决策气象服务的实际需求，依托新一代气象信息网络业务，结合基础地理信息，实现气象数据的自动采集处理、气象资料的多种统计分析及决策服务材料的自动制作与分发，帮助业务服务人员提高决策气象服务效率和技术水平。决策气象服务平台是气象服务人员工作的核心业务系统，是气象部门对城市安全运行各决策用户发布气象信息的重要通道。因

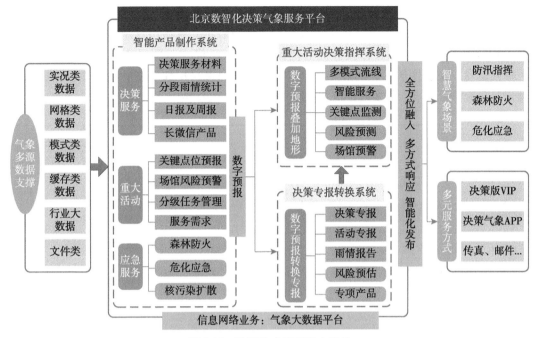

图 2.10　数智化全流程融入设计

此，系统总体设计对稳定性、便捷性和智能化提出极高的要求。

2.2.2.1　总体框架

数智化决策气象服务平台总体框架主要包括支撑层、数据资源层、应用支撑层、业务层和用户层。基于底层各类数据存储、统计分析、产品生成等，实现面向气象服务人员的交互操作。系统功能涵盖决策气象信息收集、加工、制作、分发等多重任务，可以实现预报数据到决策服务专报的数字化转换，值班员仅需在关键环节对基础预报进行订正。特定条件下，也可以实现决策服务专报的全自动生成和发布。针对部分需要大数据量统计分析的效率要求，平台将提前处理作为中间数据存储。如，统计汛期雨量时，提前将小时雨量数据处理为日降雨量数据。

2.2.2.2　功能模块

根据北京决策气象服务业务需求，决策气象服务平台功能模块主要包括 8 个部分，具体如图 2.11 所示。

（1）现场服务（首页）

现场服务模块作为决策服务平台的首页，为重大活动现场气象服务人员开展天气分析和咨询解答提供支撑，现场服务模块主要包括实况和模式两大主题页面的切换。

①模式预报

模式可视化分析主要移植自冬奥智能分析

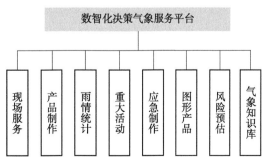

图 2.11　决策气象服务平台功能模块

功能，实现北京地区关键点位廊线图、时序图、探空图等多方式、立体化可视化展示，为重大活动现场人员分析、解读天气提供支撑。模块集成展示北京城市气象研究院区域模式和中国气象局全球 GRAPES-GFS 以及欧洲数值预报中心 EC 模式等预报产品，功能包括站点浏览、模式浏览、廊线图展示、时序图展示等。可视化风场采用粒子图的动态显示，更加形象地展示气象要素的变化，直观地向决策部门展示天气演变趋势（图 2.12）。

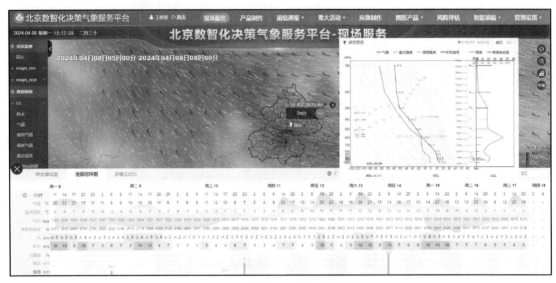

图 2.12　模式可视化分析显示

②实况监测

针对夏季举办的重大活动期间可能出现的降雨及强对流天气，增加了实况监测页面。按照"简约"的设计原则，实现了雷达回波及自动站实况的快速显示和分析，支撑单点气象要素随时间变化的分析（图 2.13）。为了更方便现场服务人员开展天气解读，模块支持重大活动气象服务专报内嵌至现场服务主题页，并具备将专报的数字预报与地形叠加。

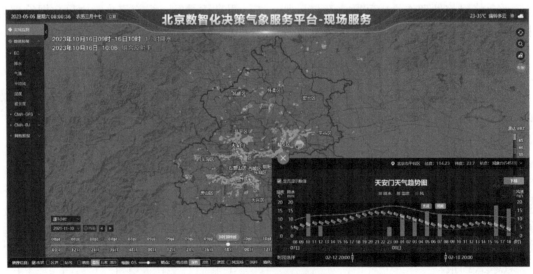

图 2.13　实况监测模块

（2）产品制作

基于相对成熟的智能网格预报业务体系和服务产品模板定制技术，研发决策气象服务业务的数智化产品制作系统，提高工作效率，使得气象服务人员得以从复杂繁琐的产品制作操作中解放出来，从而有更多人力从事提升决策服务质量和效益的其他工作。常规决策气象服务产品包括每天早晚发布的未来三天预报、气象周报和节日预报等产品。平台摒弃原有人工 Word 编写方式，实现对常规决策服务产品的一键式定制制作、发布，显著提升了业务人员的工作效率。产品中的天气综述、逐 12 h 预报表格（任意要素组合）、服务提示均可灵活设置，如服务提示可以导入上次发布或从建议库中获取，并进行编辑。

（3）雨情统计

①常规雨情统计

雨量图表模块可以快速制作发布北京地区、京津冀降雨量图表信息，并具备自动制作发布功能（图 2.14）。该模块可查询展示任一时段的自动站降水量，提供逐 5 min、逐小时、逐日降水量的多方式直观展示，如单点降雨量时序直方图、全市逐时最大雨强时序图，以及基于 WEBGIS 地图展示的平面累计降雨分布色斑图、等值线图、最大雨强分布图等。此外，还具备发布各行政区雨量图表信息的功能。市区两级气象部门采用统一平台、统一接口和数据处理策略，最大可能保障市、区气象部门对外服务信息的一致性。模块具备采用多种降水计算统计，利用算术平均法、行政面积权重法、泰森多边形法和等雨量线法统计北京全市和分片区域面雨量和体积降水量，从一定程度上解决北京地区因自动气象站分布疏密不均，以及自动站增减导致的面雨量统计不连续、不规范问题，为决策部门提供更加丰富、科学的面雨量、体积降水量（水资源）等雨情信息。

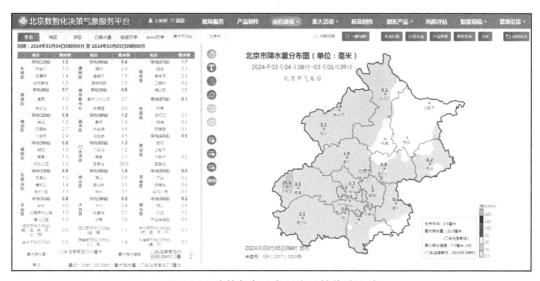

图 2.14　决策气象服务平台雨情统计设计

②数字化长图产品

针对高频次气象信息的跟踪服务，研发了数字化长图产品制作模块（图 2.15）。一方面，将实况文字描述、短临预报、雨量统计表、降雨落区图、雷达回波图等信息整合至单个长图产品，避免了每次天气跟踪需要发布多项产品，信息过于零散的问题。另一方面，长图产品中的气象信息可以自动提取，提高了高影响天气跟踪的效率。同时，为了避免数字化长图产品过长，可以根据决策服务策略进行多模块组合，提升服务效益。

图 2.15　数字化长图产品

（4）重大活动

借鉴冬奥业务系统中的功能设计、编辑工具和产品交互展现方式，应用多种客观预报技术方法，建成重大活动产品制作模块（图 2.16）。该模块有丰富的主观订正工具，符合业务人员习惯，体验度高。集成多种客观预报方法，产品直观、制作灵活。该模块支持预报时效、时间分辨率、编辑要素等的可选功能。

图 2.16　重大活动产品制作界面

为提高编辑效率，模块提供了很多便捷的编辑工具来提高制作效率。预报编辑支持键录入、右键鼠标等操作，同时还提供站点编辑、多站编辑、画笔、增量订正和一键式协同订正等工具，满足预报员高效订正，体验度高。同时，将重大活动需求融入产品制作全流程，业务人员可以快速获取重大活动保障的关键信息，包括该项活动的起止时间、关键点位、服务需求等。

（5）应急制作

为了进一步提高应对突发事件的效率，研发了应急产品制作模块，实现全市任意点位的逐小时精细化产品的快速制作发布。该模块对接智能网格预报业务，实现数字预报至决策服务产品的智能转化，应急效率大幅提升。如，某地突发山火事件，原有服务方式需要通过纯手动制作编辑该点位多要素的逐小时预报，自动化程度极低。通过决策服务平台的应急制作模块，可以通过自动站点选择或地图选点快速定位至北京地区任意点位，选取预报时段、时间间隔、气象要素等，自动调取最新网格预报数字化产品，在此基础上根据实况订正，应急效率明显提高。

（6）图形产品

为提升图文预报数字化程度，建立了图形产品模块，主要包括天气实况和预报图形化产品的制作和显示，支持交互快捷制作多样式实况和预报产品，包含三类预报服务产品。

①站点产品：如交互制作的多单站、多要素、不同时效、时间分辨率预报产品（天气现象、温度、风、能见度、变温、降水量）。

②过程变温产品：选择时间区间内最低、最高气温和最大降温、升温预报图（含有地形）。

③动态图形产品：逐 1 h/3 h 降水落区，累积降水落区，大风、气温、降水相态等

另外，为了高效提供高频次气象信息的跟踪服务，在图形产品中增加了数字化降雨、大风、高温、降雪的长图快报产品制作。同时，还增设了应急出图子模块，以用于降雨量、降雪量、能见度、气温、变温、积雪深度等历史数据、临时应急数据（如雷达估测降水数据 QPE）等多源数据的一键出图功能，以供业务科研快速出图使用。

（7）风险预估

预计北京地区将出现暴雨、大风、高温、暴雪、寒潮这五种灾害天气中的一种或多种天气时，按照风险预估业务规范适时启动风险预估业务。通过风险预估模块及时制作发布相关灾害天气风险预估产品，主要包括气象灾害风险预估图形产品制作和文字产品制作两部分。

风险预估模块中（图 2.17），应用灾害系统理论，综合考虑致灾因子、孕灾环境和承灾体三者相互作用，建立风险预估模型和等级指标，可实现短期（24 h、48 h、72 h）暴雨、高温、大风、暴雪、寒潮 5 类气象单灾种及多灾种综合的权重动态可调的风险预估图形产品制作，分为高、中、低三个等级。同时可叠加地形、土地利用类型、河网密度、人口、GDP、NDVI 等基础信息和地质灾害隐患点、林场防火点、山洪沟、物资储备、易涝点、中小学、重大危险源等风险普查成果信息。图形产品空间分辨率同智能网格预报产品，

为 1 km × 1 km，根据服务需求，也可以对乡镇街道进行风险等级划分。时间分辨率与北京天气预报产品发布时间一致，每天"7+*N*"次（每天 7 次定时预报，以及 *N* 次不定时订正预报）。

图 2.17　风险预估产品制作

文字产品内容包括三个部分：一是过去 24 h 天气实况监测，重点突出灾害天气的极端性和致灾性，以及对生命财产、城市运行、农业生产等的影响情况。二是未来气象灾害风险预估，包括天气要素预报、主要气象灾害类型、风险等级、影响范围和可能造成的灾情。三是影响分析及防范建议，尽量做到分灾种、分区域、分行业的影响分析，并提出防灾减灾对策建议。

（8）气象知识库

①基本架构

知识库模块包含气象科普素材库、历史统计数据库、灾害天气成因信息库、灾害天气提示库、高影响天气服务案例库、重大活动服务案例库、部门联动参考库、常用业务规范库等。

②知识库查看模块

支持 PDF、Word 等文档类信息在线预览，支持知识的评论。支持编辑过程记录，可查阅历史资料的区别。

③知识库管理模块

允许用户构建并维护个人知识库。用户可以对其进行增加、删除、修改和查询等操作，以实现对个人知识库的全面管理。

④知识库智能检索

基于以上相关气象知识库，基于决策服务平台实现气象知识智能搜索。下一步，应用人工智能、知识图谱等技术，通过自然语言理解和知识挖掘技术，进行文本解析和知识抽取，挖掘关键气象信息，智能编撰不同场景决策服务材料，为重大活动顺利开展、灾害天气防灾减灾、森林防火灭火等提供科学支撑。

2.2.3　智能决策指挥系统

2.2.3.1　总体设计

智能决策指挥系统主要是为城市安全运行管理决策用户查询气象关键信息提供支撑。建立以决策用户为中心的智能决策指挥模块——灾害天气监测预警服务系统，可向决策部门提供三维、动态实时监测数据，快速更新的自动预报预警数据，以及图形化、表格化决策材料的查询，从而更好地将气象信息实时融入韧性城市建设保障，推动数字气象信息在大城市安全运行决策指挥中的可视化应用。智能决策指挥系统功能模块如图 2.18 所示，主要包括多源资料三维显示、天气预警、实况速递三大模块。

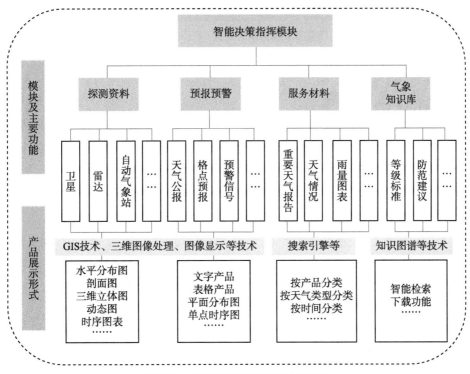

图 2.18　智能决策指挥系统功能设计

2.2.3.2　系统功能

（1）多源资料显示

按照"简约"的设计原则，智能决策指挥系统首页基本包括了气象关键信息（图 2.19）。首页是整个系统最主要的页面，支持雷达回波等的三维动态演示、风暴追踪等功能，支持动态显示过去 1 h、3 h、6 h、24 h 降雨量；支持分区预警的落区显示，以及气象预警信号、决策服务材料的查询等。同时，支持决策用户自主选择气象要素阈值，实现基于阈值的自动报警功能。

图 2.19　智能决策服务系统首页——风暴三维立体分析

（2）天气预警

天气预警模块支持决策用户高效、同频、快速获取重要天气报告、天气情况、周报、重大活动气象服务专报等图文类决策服务材料，以及灾害天气落区、预警信号等预报服务产品（图 2.20）。预警信号支持查询和统计近 7 d 内北京市和各区发布的预警产品，其中地图显示按就高原则，显示最高级别预警，左下方表格中显示当前生效中的不同类型、级别预警统计，同时支持当鼠标移至某地某预警信号上时，显示具体预警内容。另外，页面右上方可展示和查询历史预警记录。

图 2.20　天气预警页面设计

（3）实况速递

实况速递部分可展示全市所有自动站气象要素实况和统计信息（图 2.21）。气象要素主要包括降水、大风和气温三大类不同时间间隔的信息。可展示如上各气象要素的空间分布图，以及全市 top10 站点信息及各区最大值信息，同时在左上角展示当前有数据站点数和达到不同阈值站数统计信息，支持图片下载。也可分区查询自动站各类气象要素信息，支持表格数据下载。

图 2.21　实况速递产品——以大风为例

2.2.4　北京决策气象 APP

利用移动互联技术建成北京决策气象 APP，为移动端快速便捷地查看气象关键信息提供支撑。北京决策气象 APP 集位置服务、实况观测、预报预警、服务产品展示等多种功能于一体。目标用户主要有两大类：一是针对城市安全运行管理决策用户，北京决策气象 APP 作为气象服务方式之一，为防汛应急责任人提供雷达云图、降雨落区、决策材料等通俗易懂的气象信息查询。二是针对重大活动现场服务人员，集成预报员分析天气常用的气象实况、模式预报等图形化产品，满足现场服务人员随时、随地了解天气变化，以及开展重大活动现场服务的需求。

2.2.4.1　总体框架

决策气象 APP 平台框架前端架构采用 Vue，数据库为虚拟机 Linux。Android 是基于 Linux 内核开发的操作系统采用软件叠层架构，系统结构主要分为 Linux 内核层、Android 运行库，及其他库层、应用框架层和应用程序层。底层 Linux 内核提供基本功能，其他的应用软件层自行开发，程序以 Java 和 Kotlin 语言编写，主要开发工具为 Android Studio。

按照"简约"的设计原则，北京决策气象 APP 主界面采用单界面设计，通览所有的气象模块。首页顶端可以实现基于位置的气温、降水量、风速风向、能见度等实况显示。主要模块包含实况监测、预报预警和决策服务三大部分（图 2.22）。

图 2.22　北京决策气象 APP 首页设计

2.2.4.2　实况监测模块

实况监测模块选取日常业务服务关注度较高的降水、气温、风和能见度四个常用气象要素，雷达、卫星云图、台风等直观的图形化产品，以及预报员分析天气常用的天气形势。

自动站实况要素支持图文并茂、支持分区排序，点击图片放大等功能（图 2.23a）；雷达和云图为常规业务的图片类产品，支持动画播放（图 2.23b）；台风路径主要展示影响我国及周边的台风路径实况及预报信息，可实现卫星云图、雷达等信息叠加（图 2.23c）；天气形势分析主要是为现场服务人员掌握天气形势提供图形化产品（图 2.23d），包括天气分析常用的 850 hPa、700 hPa、500 hPa 高低空形势图、地面天气图，以及分析超低空急流的 925 hPa 和高空急流的 200 hPa 天气图，对应时次的用于分析本地能量的探空 T-$\ln P$ 图等。

2.2.4.3　预报预警模块

预报预警模块可以实时查询北京市气象台发布的常规天气预报产品、气象预警信号，以及全球模式和睿图区域模式。其中，天气预报模块集成北京市气象台最为基础的天气预报产品（图 2.24a），每天"7+N"次更新（7 为每天 7 个固定时间更新，N 为发现天气有变化时随时更新发布）。主要产品包括北京地区未来 14 d 预报、北京各区未来 12 h 逐 1 h 预报和未来 240 h 逐 12 h 预报。

预警信号模块包括北京全市和北京各区发布的各类气象预警信号及查询统计（图 2.24b），其中地图展现按就高原则，显示最高级别预警信号，并可按预警类型、级别、地区进行查询和统计。支持点击地图上某区预警信息或下方预警列表，显示预警信号的标准。

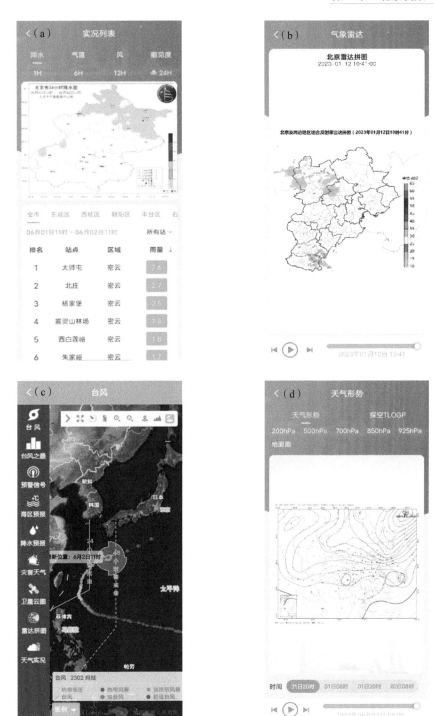

图 2.23　实况监测模块
（a. 常用气象要素；b. 雷达回波图；c. 台风路径；d. 天气形势）

全球模式选取我国自主研发的 CMA-GFS 模式和国际上主流模式欧洲中期天气预报中心 EC 模式（图 2.24c），二者由于驱动的背景场不同，针对不同天气系统可能会呈现出截然不同的结果，在对比分析方面更具有参考价值。区域模式选取了北京城市气象研究院研发的睿图区域模式（图 2.24d），从精细化方面可以给予预报员很好的参考。

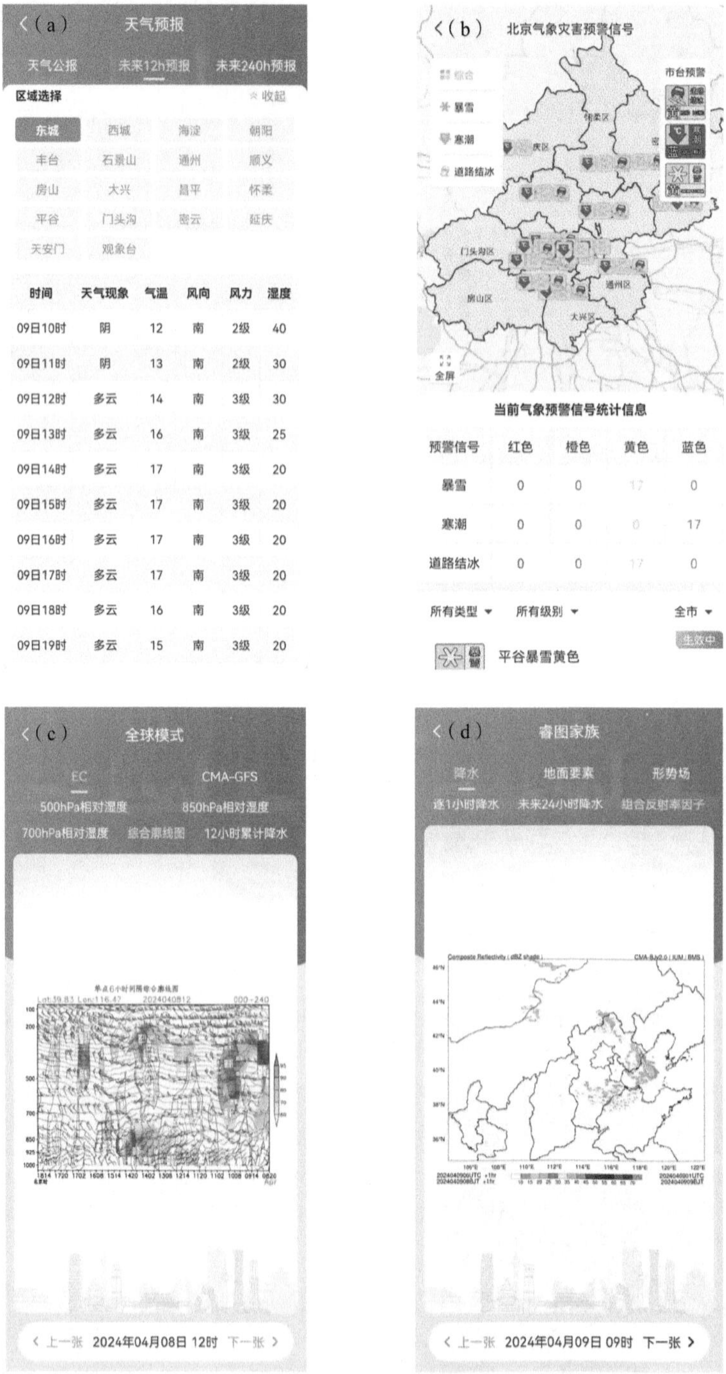

图 2.24　预报预警模块
（a. 常用天气预报；b. 气象预警；c. 全球模式；d. 睿图区域模式）

2.2.4.4　决策服务模块

决策服务模块主要针对城市运行部门等决策用户的需求，提供各类决策材料、雨情信息、重大活动气象服务专报和常用气象知识查询。其中，决策材料模块主要包括决策服务材料、气象周报和节日预报（图 2.25a）。雨情通报可以查询最新发布的本市气象观测站降水量统计表（图 2.25b），当北京出现较强降雨时会逐小时 / 逐半小时，甚至逐 15 min 更新发布。重大活动模块可以查询近期正在保障的活动专项气象服务材料（图 2.25c），此项不定时更新。

同时，为了便于决策用户了解汛期天气气候背景，决策气象 APP 中设计了气象知识模块（图 2.25d）。主要展示气象服务过程中常用的关注度较高的气象知识点，如北京历年典型暴雨个例、历年最大小时降雨量，以及风力等级、预警信号标准规范等。

图 2.25 决策服务模块
（a. 决策材料；b. 雨情通报；c. 重大活动；d. 气象知识）

2.3 决策材料撰写

当北京地区可能出现明显雨雪、寒潮、大风、高温、沙尘等高影响天气时，在常规气象服务产品的基础上，加发《天气情况》等决策材料。遇关键性、灾害性、转折性天气（如久旱逢雨、旱涝急转等），需要发布《重要天气报告》。决策材料需要明确阐述降水、大风、高温等高影响天气过程起止时间、强度、影响范围，甚至预报结论的不确定性等。

2.3.1 分类及特点

2.3.1.1 决策产品分类

北京决策气象服务材料主要包括常规决策产品、应急气象服务、重大活动专报、影响评估报告、天气通报材料等五大类（表2.1），部分产品样例可参考附录。产品发布方式包括但不限于传真、邮件、FTP、网站、微信、京办[①]等。

（1）常规决策产品。按照递进式决策气象服务，随着时间越临近对于天气的描写和刻画越精细。提前一个月或者半个月发布气候预测产品，给出总体天气趋势概况；每周一、周五发布未来一周天气预报，给出天气过程的大体时间、强度；每天早上和下午滚动发布未来三天逐12 h预报，给出天气影响的时间、强度。当进入3 d以内范围时，综合考虑天气形势的稳定性及强度等因素，提前1至2 d选取合适的时机发布天气情况或重要天气报告，明确给出天气影响的起止时间、范围、强度、量级、特点，并视气象风险情况提出防灾减灾决策建议。

（2）应急气象服务。应急决策类产品主要针对森林火灾、危化应急等突发情况，以及重大活动等某些特定场景随时发布未来一段时间内逐3 h或者逐1 h气温、风力、风向等精细化气象要素预报。应急类产品反映了事态的紧急程度，对产品的发布效率要求高。基于智能网格业务，从全市网格产品中提取关键点位的气象要素后再订正发布，将明显提高效率。

（3）重大活动专报类。北京每年重大活动繁多，据统计，气象部门近十年每年平均承担30余项重大活动气象服务保障工作，根据重大活动办与活动方沟通协调的需求清单，将按时间节点要求制作气象服务专报，一般包括关键地区逐12 h、逐3 h、逐1 h的天空状况、气温、风、能见度等气象要素预报，具体预报时效与更新频次视活动方的需求及天气情况而定。

（4）影响评估类。针对气象条件的影响进行评估分析，比如典型天气的影响评估，某个时间段的风险预评估，如PM_{10}明显偏高和影响程度，以及气象条件成因分析等。

（5）天气通报材料。针对高影响天气全网会商调度，视情况提前制作天气通报类决策材料，内容包括前期天气或者气候分析情况、天气实况、未来天气趋势、可能造成的影响或防

---

① 京办：即北京市综合办公平台，是面向市、区、街、居四级的协同办公平台，是政务办公的统一入口，为全市各级政务工作人员提供协同办公服务。

御建议等。如，森林防火天气会商，需要结合前期干旱情况、大风预报等提出预警是否升级的建议。

表 2.1　决策气象服务产品清单

类型	产品名称	主要内容
日常决策产品	气候预测	未来一段时间天气过程、气温、风等气象要素的总体情况，如汛期气候预测产品等
	周报	未来 7 d 逐日天气预报、风力风向、气温等，生活指数及服务提示
	三天预报	未来 3 d 逐 12 h 天气、风力风向、气温等，生活指数及服务提示
	天气情况	北京地区可能出现高影响、关键性和转折性天气，或已出现有一定社会影响的天气时
	重要天气报告	已出现或预报将有大到暴雨、持续高温、持续雾－霾、沙尘暴、冰雹、大到暴雪、寒潮、持续低温等灾害性天气或重大天气影响时
	气象预警信号	雷电、暴雨、冰雹、大风、高温、大雾等，根据《北京市气象灾害预警信号和防御指南》要求制作
	雨情图表	北京及京津冀周边雨量、最大降雨量、最大雨强，以及冰雹、大风等灾害性信息记录
应急气象服务	数字化长图产品	天气跟踪过程中，可以视情况把实况信息、预警发布情况、临近预报等信息快速整合到快报产品
	逐 3 h 预报	关键点位逐 3 h 天气、风力风向、气温、相对湿度等气象预报信息
	逐 1 h 预报	关键点位逐 1 h 天气、风力风向、气温、相对湿度等气象预报信息
重大活动专报	气象服务专报	关键地区逐 12 h/ 逐 3 h/ 逐 1 h 的天空状况、气温、风力风向、能见度等预报信息
	专项活动产品	组委会特殊需求提供专项产品，如，近地面垂直风观测、雪温观测，北京马拉松沿线天气预报等
影响评估报告	视需求	针对气象条件的影响进行评估分析，比如典型天气的影响评估，某个时间段的风险预评估，如 PM_{10} 明显偏高原因分析等
天气通报	视情况	参加调度的会议材料

2.3.1.2　北京决策产品发布情况

北京重要天气过程的决策材料基本维持在年均 200～400 期（图 2.26），日常决策产品数量总体呈现减少趋势。主要是由于近年来持续推进决策气象服务数字化、智能化改造过程中，通过产品整合总类减少，发布期数也相应减少。

重大活动产品数总体呈现增加趋势，2019 年产品数达到 1600 余期。2019 年有世园会、

"一带一路"高峰论坛、亚洲文明对话大会、国庆 70 周年庆祝活动等重大国事活动气象保障。2021 年开始，重大活动产品数均多于日常城市运行保障服务产品数。另外，临时性产品不断增加（图 2.27），近两年均在 500 期左右。总体反映了城市安全运行气象服务需求在增加，形式也呈现需求多样化特点。

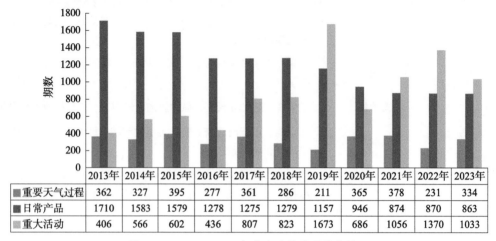

	2013年	2014年	2015年	2016年	2017年	2018年	2019年	2020年	2021年	2022年	2023年
重要天气过程	362	327	395	277	361	286	211	365	378	231	334
日常产品	1710	1583	1579	1278	1275	1279	1157	946	874	870	863
重大活动	406	566	602	436	807	823	1673	686	1056	1370	1033

图 2.26　2013—2023 年北京决策产品发布情况

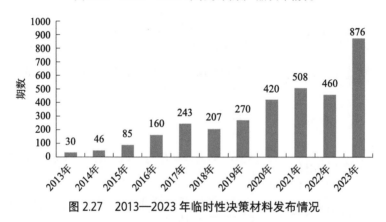

图 2.27　2013—2023 年临时性决策材料发布情况

2.3.2　材料撰写技巧

2.3.2.1　把握发布时机

高影响天气决策材料发布时机非常关键。太早，提前量太多，天气形势发生变化的可能性越大，甚至出现最新结论与前期截然不同的情况。太晚，留给决策部门的提前量不足，气象信息就失去防灾减灾的意义。同时，还可能由于气象部门发声太晚，网上没有主流的声音，可能会有负面舆情出现，以至于导致气象服务上的被动。

高影响天气决策服务材料一般提前 12～48 h 发布，具体发布时间需要视天气形势的稳定性、天气的紧急程度、剧烈程度等综合考虑。遇到双休日或节假日等特殊时间段时，提前量可能要更早一些。比如，预计周末或下周一早晨有高影响天气时，一般周五提前发布，为决策部门提前部署留足时间。

2.3.2.2　材料撰写要点

决策气象服务材料应针对不同部门需求和服务场景，聚焦不同时段和气象要素，开展分区域、分行业、分灾种的预报预测和影响分析，要注重提炼主题句、关键词，做到措辞凝练简洁、内容通俗易懂、数据翔实准确、建议科学有效可行。决策材料一般由标题、摘要、主要内容、防御提示等部分组成。

（1）标题

标题是决策材料点睛之笔，相当于全文的高度凝练，突出全文表达的内容。标题要醒目，要高度凝练全文的主要信息，如灾害名称、时间、影响范围、程度等，决策用户通过标题就可以大致掌握全文的内容。

（2）摘要

决策材料的篇幅在 2 页以上时，建议增加摘要。摘要是决策材料全文的缩写，包含表达的观点、结论、建议等。简明扼要地将重大天气过程的影响反映出来，如可能造成的灾害、持续时间、影响范围等信息，以及哪些重点地区要采取灾害防御措施。

（3）正文内容

正文基本要求包括通俗性、可读性和针对性，通俗性是指用大众语言描述，尽可能少用或不用专业术语；可读性是指吸引人，逻辑清晰，读者可以在有限时间内快速获取气象防灾减灾关键信息；针对性是指围绕气象条件可能产生的影响描述，能引起决策者关注，或已引起关注的热点问题的解读，多从气象的影响和影响程度上深入分析。

正文内容一般需要加主题句，包括提示天气的极端性，或者提炼天气特征。关键信息可以加粗或者其他方式标注，给读者提醒关注。多种高影响天气叠加时，需要主次分明，按时间顺序撰写，或者按天气种类分别进行描述。

段落要清晰，充分利用段首主题句。要抓住主要信息，避免面面俱到，造成重要信息被淹没在文字里面，不能引起决策者的注意，未能达到防灾减灾的效果。

（4）防御提示

在理解天气发生发展的基础上，提出的应对措施、建议到位，有可操作性。要写在点子上，特别是重大天气过程影响区域要明确，最好不用"部分地区""地势较高（低）地区"等区域模糊的词语，这就要求对本区地理环境、气候特点和用户需求了然于胸。对重点行业（交通、能源等）、关键地区（中心城区、重大工程或重大活动地点等）、关键时段（节假日、早晚高峰等）需作重点提示。

2.3.2.3　注意事项

（1）精心谋划，把握服务节奏

决策材料发布太早，预报不确定性就大，预报结论可能出现来回摆动或"断崖式"调整，给服务对象的防御工作安排带来困扰，造成决策者对气象预报的信任度降低。决策材料发布太晚，气象部门就失去了主动发声的意义，甚至出现负面舆情时，导致决策者和气象服务上的被动。因此，应根据天气系统稳定性、高影响天气强度、影响程度，以及决策部门对预报提前量的需求等，平衡预报提前量与准确率的关系，把握好节奏开展气象服务。

（2）行文通俗易懂，注重细节不犯错

决策气象服务产品既不是纯粹的学术论文，也不同于政府部门的行政公文，它是两者的有机结合，它的内容虽是专业的气象信息，但其服务对象往往是非专业人士，因此，决策气象服务材料内容尽量通俗易懂，用词严谨但不生涩隐晦。另外，要注重细节，不要出现错别字、错误日期等低级错误；同一份材料前后物理量单位要一致，图表内容和文字描述不能出现矛盾或歧义。另外，同一时间发布的不同决策服务材料需要保持预报结论的一致性。

（3）提高风险意识，防范建议要到位

天气预报具有一定的不确定性，须充分考虑到天气的极端性，给决策用户一定的心理预期。关注各类高影响天气对不同行业的风险阈值，关注特殊时段、关键地区的灾害风险，并提出具有针对性的防范建议。

2.3.2.4　发布流程

（1）天气过程的决策材料

针对中短期天气过程的决策材料，多由气象台一家完成。发布流程包括：提前了解本地及上游地区当前的天气实况、未来趋势、影响程度。准备初稿，会商听取专家意见，并与首席会商确定结论，最后由带班台长（局长）审核后发布。整个过程中，预报结论需要保持与中央气象台一致。

（2）综合性决策材料

综合性决策材料涉及的面比较广，要多家单位配合完成，如汛期天气气候预测、供暖气象服务专报等。具体流程包括：产品制作、材料审核、产品分发等工作流程。

①产品制作。牵头单位接到任务后，及时与任务下达处室和协助单位联系，商定决策气象服务材料内容、格式，明确责任人。协助单位应在规定时间内制作符合要求的前端产品。牵头单位在前端产品基础上，统稿完成决策气象服务材料制作。

②材料审核。牵头单位技术负责人（首席）和分管（值班）领导分别对决策服务材料进行业务把关，如对相关单位提供的前端材料有异议，应及时沟通协助单位修改完善。决策服务材料初稿完成后由牵头单位报相关职能处室初审，处室初审后报分管局领导和主要领导审核。牵头单位会同协助单位根据审核意见进行修改，直至达到报送要求。

③产品分发。经局领导审定后，由职能处室或牵头单位按规定渠道报送，做好电子文档归档。

2.3.3 能力提升方向

2.3.3.1 深挖有价值的数据

深度挖掘长时间序列的气象数据，形成有价值的气象信息，适当开展资料、图表、比对等分析提升决策服务材料的科技含量。

（1）开展关键气象要素的气候资料分析，如逐月（旬）最大累计降水量、最大日降水量、极端最高气温、极端最低气温、持续高温日数等，制作相关图表，在决策服务中可快速查找，进行历史同期对比。

（2）加强灾害天气时空分布特征分析，如北京暴雨分布特征、降雨日变化、各区冰雹（高温、大风、沙尘等）频次分布、冰雹（高温、大风、沙尘等）季节分布特征，形成相关知识库，便于服务中应用。

（3）建设高影响天气典型案例库，如1963年"63·8"、2012年"7·21"、2016年"7·20"、2023年"23·7"等典型暴雨天气过程的对比分析，历史影响北京的台风个例移动路径、降雨实况以及造成的灾情信息等，方便在服务中进行相似历史个例对比，让决策者对即将发生的灾害天气的影响心中有数和指挥决策。

2.3.3.2 注重气象影响

加强气象对城市安全运行各领域的影响研究，提炼等级指标，为开展基于影响的预报和基于风险的预警提供支撑。

（1）基于灾害综合风险普查资料，综合多源观测、客观化预报产品、灾情数据等，基于人工智能、大数据等技术，研发灾害性天气的客观化、定量化监测识别指标模型。

（2）分析暴雨洪涝、高温热浪、大风等灾害天气对交通、电力、能源等行业的影响机理，提炼不同气象要素对不同行业的影响等级阈值，明确风险预估的技术指标和方法。

（3）识别主要暴露因子对各类灾害性天气的响应程度，发展针对重点行业的精细化灾害性天气风险评估模型，建立风险智能预警系统和相关的风险预警、风险预估业务产品体系。

2.4　气象服务策略

2.4.1　决策服务工作流程

面向地方政府和各委办局的需求，建立灾害性天气"提醒—预通报—预警—精细化跟踪服务—复盘总结"五个环节的精细化、全链条式决策气象服务工作机制。

2.4.1.1 工作提醒

研判北京地区将出现重要天气、关键性天气和转折性天气之前，根据地方政府和其他灾害性天气城市运行管理精细化决策服务重点部门的个性化服务需求，提出针对性的服务提醒。

2.4.1.2 灾害性天气预通报

预报将有或已出现大到暴雨、持续高温、持续雾霾、沙尘暴、冰雹、降雪、寒潮、持续低温等灾害性天气，及时发布《重要天气报告》或《天气情况》，对灾害性天气的范围、强度、时段及影响等进行预报及服务提示，作为各联动部门启动相应级别应急响应。重要天气报告的撰写务必要把握或瞄准能引起决策用户关心的事情，凝练和突出本次过程的特点（比如：持续时间、强度、影响等）。

2.4.1.3 灾害性天气预警

根据灾害性天气的发生和发展情况，按照《北京市气象灾害预警信号与防御指南》规定的气象预警信号标准及时发布预警信号。按照"递进式预报、渐进式预警、跟进式服务"原则，有序升级预警信号，滚动更新发布重要决策服务材料、雨量图表等实况信息，提供精细化的预警跟踪服务。注意天气的变化实时更新和升级发布，适时跟进，做好随时升级预警信号的准备。

2.4.1.4 精细化跟踪服务

并按照灾害性"叫应"服务标准和工作流程，及时开展叫应服务。根据实时天气的变化情况，要有时空分布直观化的图形信息，也要有具体量化的数据支撑，做好科学的决策。高影响、转折性、突发性天气跟踪的服务内容包括时间、地点、影响程度，以及挖掘决策服务可能关注到的热点。

①目前的天气实况，包括目前天气主要发生在什么地方，强度如何，比如，目前累计降雨最大已达到多少，最大小时雨强多少，是否伴有大风、冰雹等灾害性天气。

②系统演变动态，包括移动方向、移动速度，预计什么时候影响北京地区或城区，到达后可能会达到什么强度（雨强会达到多少，大风几级等），以及可能造成的影响等。

③可能发生的灾害性天气，综合考虑可能会出现哪些灾情、险情，以及对城市防汛、交通等的影响。

④密切跟踪天气演变趋势，并做好过程结束时间预报服务。

2.4.1.5 气象服务总结

启动重大天气过程应急响应状态后，针对灾害性天气的影响情况，统计各类天气或影响情况数据，开展灾害性天气过程气象服务总结和服务效益评估，提升决策气象服务质量。

2.4.1.6 复盘工作机制

为及时发现和解决气象服务工作中存在的问题，总结成功经验，补齐短板弱项，北京市气象台建立了重大天气过程服务复盘研讨机制，对于重大天气过程、气象服务效果欠佳的过程进行复盘研讨。科学分析极端性、灾害性天气气候事件发生发展规律。进一步强化新资料、新技术的应用评估，加强服务人员对数值预报、人工智能等新方法的科学理解，总结气象服务经验。参加复盘人员包括分管领导、决策服务全体人员、专家等。

复盘开始前，首先确定复盘主题，组织协调相关人员进行准备。复盘期间，首先由气象服务首席做主要发言，回顾重大天气过程的特点和气象服务开展情况，针对过程中某些阶段的难点与困惑进行详细说明，提出假设，如怎样开展服务可能效果更好，分析不足和存在问题，并提出改进措施，供大家探讨分析。在此基础上，气象服务人员针对本次过程新技术应用、服务平台和流程改进、气象影响服务开展情况等方面进行研讨；最后，专家根据讨论情况进行指导。

复盘结束后，根据研讨情况和专家意见，凝练气象服务科学问题，通过总结分析，及时将复盘成果转化为业务服务能力和水平，提高重大天气过程和极端天气的气象服务能力。

2.4.2 跟进式服务策略

2.4.2.1 注意气象服务衔接问题

尽量避免预报结论出现"断崖式"调整，除非把握性大或天气形势出现明显调整时。要给决策部门确定性的气象信息，预报结论切忌变来变去，以免给服务对象造成决策指挥上的困扰。当预报出现较大偏差时，开展服务要体现"稳"字，妥善处理好预报结论和服务时机的衔接问题。

2.4.2.2 气象服务要逐步规范化

值班过程中，避免出现有的值班员过于主动，有的过于被动，把握时机很重要，否则就会拉低整个值班组的服务质量。要注意在关键时间节点发布关键气象信息，信息太多就很容易忽略关键信息，甚至会让人觉得是骚扰信息，使自己工作太被动，也达不到服务的效果。

2.4.2.3 注意把握气象服务的时机

太早，预报不确定性过高，会出现说不清楚或说不全面，甚至易引起媒体炒作，造成工作被动；太晚，失去了气象部门主动发声的意义。特别是出现负面舆情时，会影响到决策者。如 2017 年"6·22"暴雨前期，网上就出现"特大狂风""特大暴雨""已经达到雷达回波无法测量的上限"等谣言信息，导致气象服务上的被动，并且要花费更多的时间和精力平息谣言和挽回气象服务上的被动。

2.4.2.4 注意提供相似性服务体验

综合考虑历史重大天气过程相似性，找出典型个例进行相似性类比，让用户对即将发生的天气有更直观的体验和预期。比如：预计全市平均降雨量将在 300 mm 左右，超过 2016 年"7·20"暴雨（全市平均 212.6 mm），有望突破历史极值，其致灾性风险更高，要加强防范等提示性信息。

2.4.2.5 做好"粗放"与精细的结合

决策服务并非都是越详细、越精细越好，切忌陷入固定模式的服务。没有特别明显的天气时用概述的语言描述即可，对于关键的时间段或重要保障区域可以再具体描述。具体可以根据服务需求和天气的影响而定。

2.4.2.6 把握决策材料的灵活度

决策服务材料是给决策用户确定性的气象信息，一定要避免出现模棱两可的结论。同时，在一定程度上也可以和天气公报内容有所差别。服务的过程中也要充分考虑到极端性，给决策用户一定的心理预期。

2.5 决策服务工作要求

2.5.1 值守工作要求

决策气象服务需要充分发挥"小实体、大网络"的工作方式，对于天气发生发展以及可能造成的影响要做到心中有数，进一步做好"应你所需、想你所想、先你所想"的智能化气象服务，第一时间让决策者获得有针对性的气象信息，为城市安全运行趋利避害提供科学气象决策信息。值班工作的要求主要包括：

（1）掌握当前天气情况。分析各种实况资料，厘清当前影响北京及华北地区的天气系统在哪儿？距北京有多远？强度如何？出现哪种天气？比如最大雨强多少，是否伴有大风、冰雹等灾害性天气等。掌握本地及本市当前天气表现的特点，历史平均状况、极端情况；可能对城市运行的影响等。随时接受决策用户关于气象服务方面的咨询。

（2）预判天气发展。注意综合分析气象资料，对未来一段时间内天气的发生、发展要有自己的判断。综合多家数值模式预报资料，研判天气系统未来的发展。如，天气系统的移动方向（自北向南，还是自西向东等），系统移动速度（一般在30～40 km/h），系统移动过程中是增强还是减弱？何时到达京津冀？何时开始影响北京？雨/雪下在哪儿？有多大量？哪里更明显？结束时间等。

（3）注重天气的影响。预报首席对于本次过程所采取的策略是什么，是相对保守还是比实况加码，实况可能会比预报结论提前还是滞后，要是提前/滞后会产生哪些影响，前期累计情况如何，早晚高峰等关键时间节点有没有影响，这些都要考虑到。要突出中心城区、城市副中心等重点区域，为决策者开展靶向防御提供科学参考。充分考虑预报调整的可能性，并做好不同天气调整后服务可能采取的措施。

（4）通俗易懂地传递气象信息。把定时定点定量说清楚。要把天气开始影响和结束的时间，影响时长，灾害性天气影响的区域，以及灾害性天气的强度等情况，以简明扼要、通俗易懂的语言反馈给决策用户。

（5）要考虑出现极端天气的风险。要考虑到决策用户的承载力，综合考虑各种极端天气出现的可能性，适时为决策用户提供合理建议。同时，也要考虑次生灾害出现的风险，比如前期累计降水较多，哪怕小雨都有可能引发崩塌等。

（6）要注意会商中不同的意见。关注其他预报员／专家是否有不同的意见，理由是否充分，以及当班首席对不同预报意见和结论的处理和把握，随时做好突发性、转折性天气的服务。

（7）决策材料的发布要有预见性。根据当天天气的发生发展，对材料的发布要有预见性，并提前撰写或准备相关素材。根据天气形势发展和重要程度，考虑是否需要发布天气情况或是重要天气报告，另外，提前撰写好新闻通稿，以备及时对公众发布气象信息。

2.5.2　业务考评机制

2.5.2.1　考核评价指标

根据新时期气象事业发展的要求，为决策气象服务人员提供科学合理、高效有序的综合评判机制，构建决策气象服务综合考评指标，主要包括：基本素质、业务能力、科研和创新能力及其他方面等构成年度目标任务。设立加分项，视申请情况按要求执行；最终根据被考评人得分进行累加，算出综合得分。

2.5.2.2　评判标准及分值

（1）基本素质

基本素质是指决策气象服务人员应具备的最基本的要求。包括但不限于遵守劳动纪律、值班量、培训数量等个人基本职业素养，占比 20%。考核内容包括：值班规章制度执行情况、值班任务完成情况、参加各项会议培训和考试情况、完成临时工作任务（现场服务、资料整理、数据统计、总结、交流、科研等）等情况。

（2）业务能力

业务能力是指应满足决策服务岗位所需要综合能力的体现，包括业务常识、服务质量和学习能力等方面，占比 60%。考核内容包括：岗位基本技能、业务值班能力、决策材料撰写、应急值守、总结凝练。如，材料撰写方面可以随机抽取气象服务专报，邀请专家进行评审和考核，按照考核结果赋予不同的分值。

（3）科研和创新能力

科研和创新能力是指积极参与科学研究，并在研究过程中对业务有更深层次的了解和创新，不断促进业务水平的提升。包括参与课题、论文发表、技术开发及创新能力等方面，占比 15%。具体为：文章发表情况、项目参与情况、决策服务重点工作参与情况等。

（4）其他方面

参与本单位其他工作的积极性，为营造创先争优的氛围打下基础，占比 5%。包括重大活动现场气象服务保障、营造工作氛围等方面的工作。

（5）申请加分项目

为进一步鼓励和推动创新，提升气象科技创新能力，加强人才队伍建设。综合考评加分项目包括：优秀服务过程决策材料、科研项目申报、优秀论文奖、优秀人才荣誉称号等。

2.5.2.3 考核流程

（1）决策服务人员按照时间节点填报和递交综合测评表，并简要说明加分/减分理由。

（2）分管台领导组织决策服务科长、服务首席、专家组成考评小组审定分值，并核算次年绩效浮动，具体按照规定执行。

（3）审定后的结果公示，公示结束后无异议则正式实行。

2.6　小结与讨论

针对北京超大城市安全运行和重大活动保障，气象部门已初步构建了数智化决策气象服务体系，实现了数字化、智能化融入城市安全运行管理，发挥气象防灾减灾的效用。但是，科研成果和客观化经验算法对决策服务业务的支撑仍有待于加强，相关应用技术的研究尚缺乏科学性、系统性的组织规划。随着政府部门和委办局数字化程度的不断提高，气象部门需要不断完善决策气象服务体系，提高气象关键技术支撑，构建与之匹配的气象保障体系。

第 3 章
递进式决策气象服务及要点

华北地区地形特征和北京超大城市特点，决定了北京地区气象灾害具有多发性、突发性、局地性、连锁性和放大性等特点。本章选取暴雨、强降雨、冰雹、大风、高温、台风、降雪、沙尘等高影响天气类型，分析不同类型天气的特征和递进式决策气象服务要点，并选取典型天气案例，回顾气象服务过程，积累经验。

3.1 暴 雨

3.1.1 北京暴雨特征

3.1.1.1 区域性暴雨定义

北京地区区域性暴雨的定义为：北京及周边（114.5°—118.0°E，38.8°—41.5°N）（北京20站、河北30站、天津8站）≥3个相邻人工测站（至少有1站为北京测站）出现暴雨（日降雨量≥50 mm）。

经统计，区域性暴雨的天数年均5~6 d。从空间分布看，呈现东南多、西北少，主要分布在北京东北部和西南部山前（密云、平谷、怀柔、海淀、门头沟、房山）及城区东部的朝阳区。从时间分布看，区域暴雨主要出现在7—8月，且以7月最多。

北京地区区域性暴雨时常在有利的大尺度环流背景下发生，当东亚中高纬环流由纬向型转为经向型时，冷空气变得活跃，同时中低纬暖湿气流加强北伸，冷暖空气在华北地区交汇，导致天气尺度及中尺度系统发展，形成暴雨所需的源源不断的水汽、强盛而持久的上升运动及不稳定的大气层结。北京区域性暴雨的形成和强度除了常规暴雨形成的三个条件外（充分的水汽供应、强烈的上升运动、较长的持续时间），还与华北地形密切相关。一般西南方向的房山至东北方向的密云、平谷，山前一带容易出现暴雨极值点。按照主要影响天气系统可分为蒙古低涡低槽型、河套低涡型、东北冷涡型、副热带高压与西风槽型、热带气旋（台风）型、西南低涡型。除了暴雨灾害本身，区域性暴雨还极易导致不同程度的次生灾害，如山洪、泥石流、山体滑坡、城市内涝等。

3.1.1.2 2011—2023 年北京典型暴雨

据不完全统计，2011—2023 年北京地区暴雨事件中（表 3.1），单站累计降雨量最大出现在 2023 年"23·7"极端强降雨过程，房山金鸡台村北沟（规自委雨量站）1025 mm。过程累计降雨量最大也出现在"23·7"过程，全市平均 331.0 mm。

表 3.1 2011—2023 年北京地区典型暴雨事件

事件简称	降雨时段	持续时间 /h	过程雨量 /mm	最大累计雨量 /mm	最大小时雨强 /（mm/h）	主要影响系统
2011 年 "6·23"	23 日 14 时至 24 日 08 时	18	全市平均：50 城区平均：73	石景山模式口 214.9	石景山模式口 128.9	高空低涡
2012 年 "7·21"	21 日 10 时至 22 日 06 时	20	全市平均：170 城区平均：215	房山河北镇（水文站）541.0	平谷挂甲峪 100.3	副高、冷涡
2016 年 "7·20"	19 日 01 时至 21 日 08 时	55	全市平均：212.6 城区平均：274.0	门头沟东山村 453.7	昌平花塔 56.8	黄淮气旋
2017 年 "6·22"	21 日 12 时至 24 日 06 时	66	全市平均：92.0 城区平均：113.9	怀柔区九渡河 199.7	朝阳三间房 43.4	冷涡
2018 年 "7·16"	15 日 20 时至 18 日 06 时	58	全市平均：103.1 城区平均：127.2	密云西白莲峪 351.3；密云张家坟（水文站）386[①]	密云西白莲峪 117.0	副高
2019 年 "8·5"	4 日 15 时至 5 日 14 时	23	全市平均：35.4 城区平均：43	怀柔杨宋 239.9	朝阳将台站 110.0	副高
2020 年 "8·12"	12 日 11 时至 13 日 10 时	23	全市平均：69.5 城区平均：92.8	昌平沙河水库 156.7	昌平回龙观 73.3	副高、高空槽
2021 年 "7·12"	11 日 18 时至 13 日 06 时	36	全市平均：114.2 城区平均：118.2	平谷西樊各庄 287.4	平谷西樊各庄 89.6	低涡
2023 年 "23·7"	7 月 29 日 20 时至 8 月 2 日 07 时	83	全市平均：331.0 城区平均：245.4	房山金鸡台村北沟（规自委站）1025	门头沟龙泉地区办事处（规自委站）126.6	热带低压、副高

（1）2011 年"6·23"暴雨

2011 年 6 月 23 日，北京城区出现强降雨，局地超过 200 mm。此次降雨空间分布极不均匀，较强降雨主要集中在城区石景山和丰台附近（图 3.1）。全市平均降雨量 50 mm，城区

---

① 气象部门统计雨量一般多用气象部门自己的站点数据，与外部门数据共享时，会参考外部门数据作对比和备注，有时出现两个最大值情况。

平均 73 mm，其中最大降雨量出现在石景山区的模式口，达 214.9 mm，最大小时雨强也出现在该站，达 128.9 mm/h，为 2010 年以来北京地区记录到的最大小时雨强。

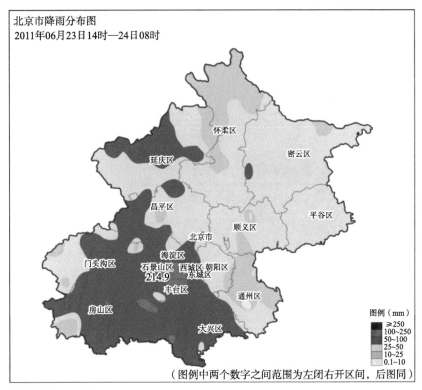

图 3.1　北京地区 2011 年"6·23"暴雨过程雨量分布

（2）2012 年"7·21"大暴雨

2012 年 7 月 21 日，北京大部分地区出现大暴雨，石景山、门头沟、房山等部分地区出现特大暴雨（图 3.2），此次过程雨量大、雨强大、范围广、具有极端性。全市平均降雨量 170 mm（水文＋气象），城区平均 215 mm（水文＋气象），西南部 213 mm，东北部 170.7 mm，东南部 189.1 mm，最大降雨量出现在房山河北镇 541 mm（水文站）。全市 90% 以上区域出现大暴雨，共有 211 个气象监测站（占比 92%）达 100 mm 及以上，96 站（占比 42%）达 200 mm 及以上，12 站（占比 5%）达 300 mm 及以上。最大小时雨强出现在平谷挂甲峪，20—21 时降雨 100.3 mm/h。

（3）2016 年"7·20"大暴雨

2016 年 7 月 19 日凌晨至 20 日夜间，北京出现大暴雨，部分地区特大暴雨（图 3.3）。本次降雨持续时间长、总量大、范围广、雨势相对平缓。19 日 01 时至 21 日 08 时，全市平均降雨量 212.6 mm，城区 274.0 mm，西南部 259.8 mm，东南部 217.7 mm，西北部 200.7 mm，东北部 144.1 mm。362 个站雨量超过 100 mm，125 个站雨量超过 250 mm，4 个站雨量超过 400 mm；其中最大降雨出现在门头沟东山村，达 453.7 mm。最大小时雨强出现在昌平花塔，19 日 08 时至 09 时达到 56.8 mm/h。

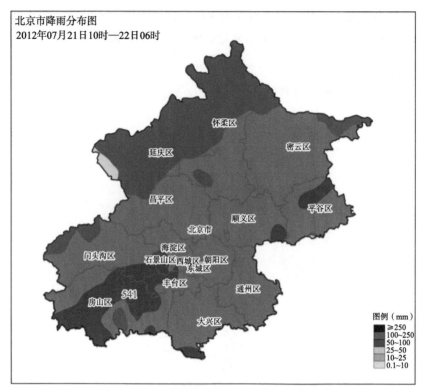

图 3.2　北京地区 2012 年 "7·21" 暴雨过程雨量分布

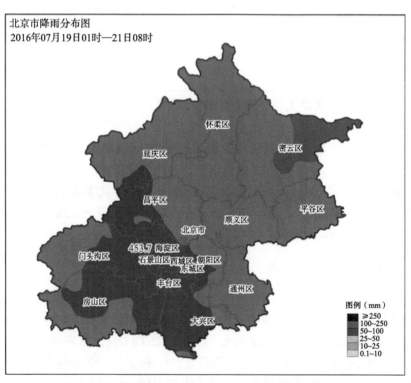

图 3.3　北京地区 2016 年 "7·20" 暴雨过程雨量分布

（4）2017 年"6·22"暴雨

2017 年 6 月 21 日中午至 24 日凌晨，北京出现强降雨，大部地区出现暴雨，城区至山前一带大暴雨（图 3.4）。21 日 12 时至 24 日 06 时（持续时间 66 h），全市平均降雨量 92.0 mm，城区平均 113.9 mm，全市共 156 个站雨量超过 100 mm，最大降雨出现在怀柔区九渡河，达199.7 mm。此次降雨过程持续时间长、累计雨量大，但雨势相对平缓，小时雨强普遍不足20 mm/h，最大小时雨强出现在朝阳三间房，23 日 07 时至 08 时达到 43.4 mm/h。

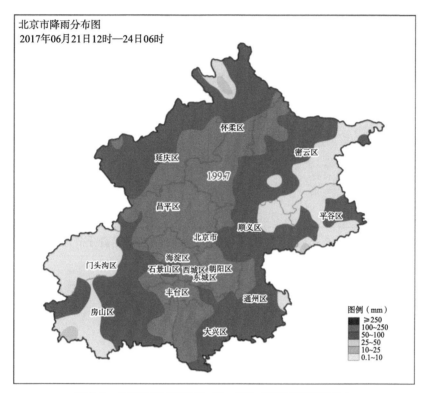

图 3.4　北京地区 2017 年"6·22"暴雨过程雨量分布

（5）2018 年"7·16"大暴雨

2018 年 7 月 15 日夜间至 18 日早晨，北京地区出现强降雨天气过程，部分地区大暴雨，密云个别点达特大暴雨（图 3.5）。此次降雨过程从 15 日 20 时本市西南部开始，至 18 日 06时结束，降雨持续时间 58 h。15 日 20 时至 18 日 06 时，全市平均降雨量 103.1 mm，城区平均 127.2 mm；全市约 50% 气象站超过 100 mm。密云局地出现特大暴雨，最大累计降雨量出现在密云西白莲峪，达 351.3 mm（水文站最大为密云张家坟，386 mm），最大小时雨强也出现在该站，16 日 02 至 03 时达到 117.0 mm/h。

（6）2019 年"8·5"暴雨

2019 年 8 月 4 日傍晚到 5 日中午，北京出现明显降雨，短时雨强大，全市平均降雨量达大雨量级，北部、西部及城区普降大雨到暴雨，顺义、怀柔、密云、昌平和朝阳局地出现大暴雨（图 3.6）。4 日 15 时至 5 日 14 时，全市平均降雨 35.4 mm，城区平均降雨量 43.0 mm；

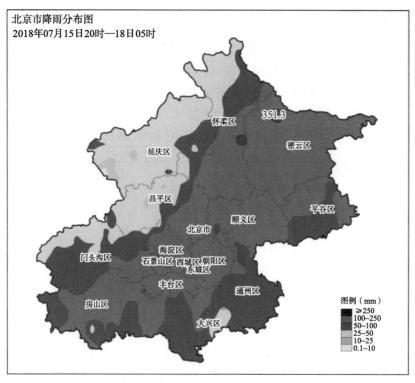

图 3.5　北京地区 2018 年 "7·16" 暴雨过程雨量分布

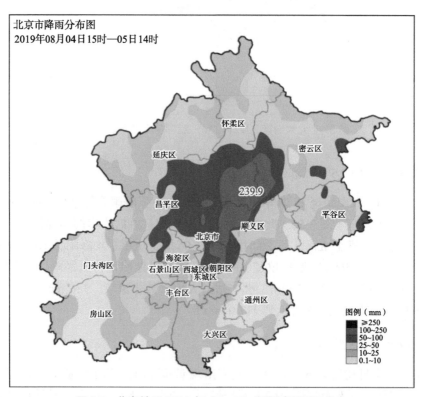

图 3.6　北京地区 2019 年 "8·5" 暴雨过程雨量分布

全市共有 99 个测站（占比 20%）达 50 mm 及以上，30 个测站（占比 6%）达 100 mm 及以上，最大降雨出现在怀柔杨宋，达 239.9 mm；最大小时雨强出现在朝阳将台站，5 日 05 至 06 时降雨 110.0 mm/h，共有 118 个站次雨强达到或超过 30 mm/h，33 个站次雨强达到或超过 50 mm/h。

（7）2020 年"8·12"暴雨

2020 年 8 月 12 日中午至 13 日上午，北京出现区域性强降雨天气，大部分地区出现暴雨，沿山一带大暴雨（图 3.7），6 个国家级气象站日降雨量超过 8 月中旬历史极值，石景山站日降雨量突破 8 月历史极值，并伴有雷电和局地 7～9 级短时大风。12 日 11 时至 13 日 10 时，全市平均降雨量 69.5 mm，城区平均 92.8 mm，西北部 68.8 mm，东北部 68.7 mm，西南部 65.1 mm，东南部 45.9 mm；最大降雨出现在昌平沙河水库，达 156.7 mm；有 36 个站小时雨强超过 50 mm/h，最大小时雨强出现在昌平回龙观，12 日 22 至 23 时达到 73.3 mm/h。

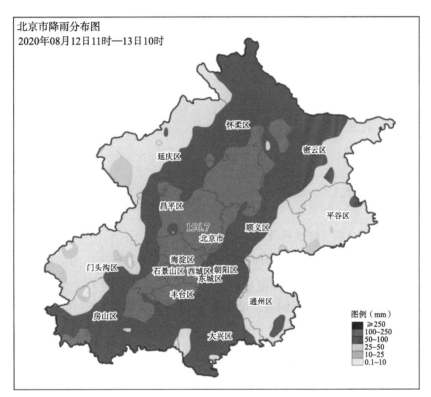

图 3.7　北京地区 2020 年"8·12"暴雨过程雨量分布

（8）2021 年"7·12"暴雨

2021 年 7 月 11 日傍晚至 13 日早晨，北京自南向北出现暴雨到大暴雨（图 3.8），并伴有短时强降雨和 7～9 级阵风，昌平局地有小冰雹。11 日 18 时至 13 日 06 时，全市平均降雨量 114.2 mm，城区平均 118.2 mm，东南部 90.1 mm，西南部 107.5 mm，东北部 142.9 mm，西北部 10 1mm，全市共 522 站降雨量超过 50 mm（占比 92%），332 站降雨量超过 100 mm（占比 58%），平谷、顺义、密云、延庆共 12 个站降雨量超过 200 mm。最大降雨出现在平谷西樊各庄，达 287.4 mm，最大小时雨强也出现在该站，12 日 20 至 21 时达到 89.6 mm/h。

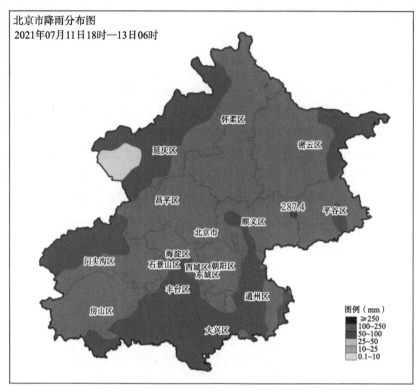

图 3.8　北京地区 2021 年"7·12"暴雨过程雨量分布

（9）2023 年"23·7"极端强降雨

受台风"杜苏芮"减弱后的热带低压与副热带高压外围暖湿气流共同影响，2023 年 7 月 29 日至 8 月 2 日，北京地区出现极端强降雨，为 140 年以来有气象仪器观测记录的最大降雨量。此次降雨过程持续时间长，累计雨量大（图 3.9），7 月 29 日 20 时至 8 月 2 日 07 时（83 h）全市平均降水量 331.0 mm，单站最大降雨量达 1025 mm，出现在房山区金鸡台村北沟（规自委雨量站）。短时雨强大，全市共有 128 站次小时雨强≥50 mm/h，33 站次小时雨强≥70 mm/h，10 站次小时雨强≥100 mm/h，最大小时雨强出现在门头沟区龙泉地区办事处天桥浮村拉拉湖村泥石流监测点（规自委雨量站），31 日 10—11 时达到 126.6 mm/h。

3.1.2　递进式服务要点

3.1.2.1　递进式服务流程

按照气象灾害演进及其防范应对进程顺序，暴雨递进式气象服务分为"前期准备、预报预测、风险提示、临灾预警、复盘总结"五个阶段，如图 3.10 所示。

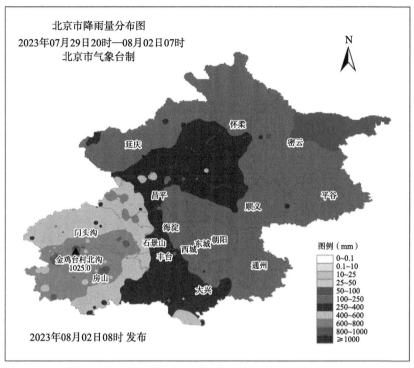

图 3.9　北京地区 2023 年"23·7"极端强降雨过程雨量分布

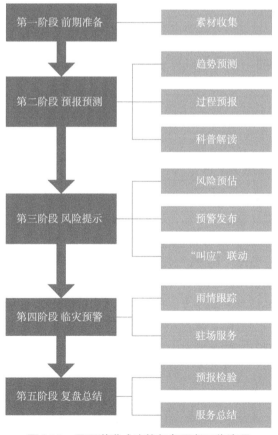

图 3.10　暴雨递进式决策气象服务工作流程

（1）第一阶段：前期准备

暴雨的准备工作主要是暴雨递进式气象服务过程中涉及到的相关素材收集和整理，为暴雨天气会商、决策材料撰写、现场服务科普解读提供支撑。主要包括：一是暴雨成因分析，如产生暴雨的天气系统、地形增幅作用等。二是历年暴雨典型个例对比分析，如表3.2为影响北京地区的极端暴雨历史相似性对比分析。三是暴雨可能产生的风险及防御指引，为城市安全运行管理指挥调度提供科学的防御建议。

表 3.2　极端暴雨历史相似性对比分析范例

时间 项目	1963 年 "63·8"	2012 年 "7·21"	2016 年 "7·20"	2023 年 "23·7"
累计雨量最大值 （mm）	512.8 海淀站	541.0 房山河北镇	453.7 门头沟东山村	879.4 房山新村 （规自委站：1025 房山金鸡台村北沟）[①]
最大小时雨强 （mm/h）	50.3 观象台	100.3 平谷挂甲峪	56.8 昌平花塔	114.2 门头沟定都阁 （规自委站：126.6 门头沟龙泉地区办事处）
降雨持续时间 （h）	144	20	55	83
北京全市平均雨量 （mm）	281.2	170	212.6	331.0 （房山平均627.1； 门头沟565.3）
北京城区平均雨量 （mm）	447.2	215	274.0	245.4

（2）第二阶段：预报预测

①趋势预测：预计未来3～7 d，本地可能受到暴雨影响时，通过气象周报、每天早晚发布的未来三天预报等常规气象服务产品，定性描述暴雨天气过程及其可能影响。

②过程预报：预计未来1～2 d可能受到暴雨影响时，发布《重要天气报告》等决策材料，明确暴雨起止时间、强度、可能造成的影响，为所有委办局等部门提供防灾减灾决策支撑。如果暴雨预报的不确定性较大，可以视情况开展分众式气象服务。如提前2～5 d，决策材料发布前以《决策服务内参》的形式提供服务，为少数重点防汛责任人及防汛关键部门留足预期。

③科普解读：视情况召开新闻发布会、撰写新闻通稿等，及时把暴雨的成因、强度和可能造成的影响向公众解读，主动发声，避免网上虚假的信息引起恐慌和负面舆情。

---

① 气象部门统计雨量一般多用气象部门自己的站点数据，与规自委站数据共享时，会参考规自委站数据作对比和备注，会出现两个最大值情况。后同。

（3）第三阶段：风险提示

①预警信号发布：按照北京预警信号发布业务标准，依据暴雨气象灾害可能造成的危害程度、紧急程度和发展态势及时滚动发布暴雨预警信号，并指导各区发布分区暴雨预警信号。

②部门联动预警：及时与北京防汛部门会商联动，视情况联合市水务局发布山洪灾害风险预警、城市内涝风险预警；联合市规自委发布地质灾害气象风险预警。

③灾害风险预估：预计未来 24 h 暴雨可能致灾时，及时启动灾害风险预估服务。基于暴雨风险预估模型制作风险落区图，明确暴雨风险等级、影响时间段和影响区域，防御指南中也需要明确可能产生的影响和防御的重点。

④"叫应"联动：根据气象防灾减灾要求，及时通过电话、传真、微信等方式叫应本级党委政府有关领导和应急管理部门有关负责人，区级气象服务人员同时要完成气象信息员的叫应。

（4）第四阶段：临灾预警

①雨情跟踪：关注北京周边降雨的影响，降雨即将影响北京地区时提前发布京津冀降雨量图表，提示上游地区降雨强度、天气类型（短时强降水、冰雹、大风等）、降雨云团移动速度，以及发展趋势和影响北京的时间等，避免出现"等雨来"的负面效果。北京地区降雨开始后，逐小时发布降雨量图表信息，关键时段逐半小时，甚至逐 15 min 跟踪雨情信息。同时，针对区域性暴雨过程，加强与海河流域气象中心的联动，及时发布海河流域雨量图表信息。

②驻场服务：视情况安排首席或气象服务人员到关键地区或重点决策部门开展驻场气象服务，如首都功能核心区"两区一委"（东城区、西城区、天安门管委会）等，主要任务是以通俗易懂的语言解读暴雨天气过程，包括降雨起止时间、降雨强度、可能造成的影响等。

（5）第五阶段：复盘总结

①预报检验：从主观和客观的角度对暴雨天气过程的预报情况进行评估，包括暴雨预警提前量和准确率、落区预报、量级判断、最大小时雨强等。

②服务总结：综合分析本次过程气象服务情况，包括雨情实况及特点、灾情、与历史相似案例对比分析、成因解读、预报检验、服务情况、经验与不足，探索改进措施。气象服务总结可以作为决策服务材料让决策者对重大过程有一个客观了解，并做好过程的存档。

3.1.2.2　暴雨服务关注点

①暴雨落区容易出现偏差。北京"东 - 西"和"南 - 北"均不到 200 km，产生暴雨的天气系统动辄上千千米，天气形势的预报略有偏差就有可能导致北京暴雨的空报或者漏报。为了尽可能避免空报，同时也为应急响应留足时间提前量，首期决策服务材料一般提前量在24～48 h。

②暴雨的不确定性作为主要内容纳入决策材料。如，影响此次暴雨的高空槽移速和位置仍可能出现微调，市气象局会密切监视天气，加强天气形势过程跟踪研判，及时更新发布气象服务材料等，给予决策用户一定的心理预期。

③暴雨风险预估。根据天气形势的发展和影响，及时启动风险预估业务，针对暴雨的影响开展分区域、分时段、分强度的暴雨风险预估。城区重点关注城市内涝的影响，山区需要

重点防范山洪、地质灾害、中小河流洪水。

④关注暴雨预报着眼点：

一是当高空 500 hPa 高空低涡及冷槽在河套地区发展或东移时，低层 700 hPa 或 850 hPa 有来自于西南、高原东部等地区的低涡生成，低涡前部沿 40°N 附近存在切变线，并一直延伸到北京附近。低涡向东或向东北移动时常常与北部高空深厚的 500 hPa 高空低涡或低槽构成南北同位相形势，这种形势有利于西南暖湿气流向北输送；同时有利于北部高空低涡冷空气扩散进入低涡。从而造成南北系统在东移过程中合并，造成降雨在北京地区加强。

二是 700 hPa 或 850 hPa 有大尺度低空急流存在。这种形势有利于西南暖湿气流向北输送，为暴雨提供源源不断的水汽来源。

三是区域性暴雨还需要一定的持续时间，一般在青藏高原东部存在大陆高压或副热带高压 588 线呈经向分布，有时减弱为大陆高压，使得冷空气与副高外侧的暖湿气流相互作用，另外，使得降水系统长时间维持，有利于降水的维持。

3.1.2.3 暴雨防御指南

暴雨对城市交通、排水、电力等城市安全运行会造成很大的影响，常用的防御指南包括：

①暴雨容易造成路面湿滑、能见度下降、低洼路段积水，对交通、排水、电力、通信等城市运行保障将造成较大影响，需要重点关注对早晚高峰交通影响。短时雨强较大，建议做好城市易积水区域的防涝工作。

②强降雨落区重叠度高、极端性强，山区和浅山区发生山洪、滑坡、崩塌、泥石流等次生灾害风险高，需重点关注山区易塌方路段的交通出行安全；同时关注水库汛限水位，科学实施泄洪，确保中小河流、水库安全。

③公众不要前往山区、河道、地质灾害隐患区域，请勿涉水行车；雷雨和大风时不要在高大建筑物、广告牌、临时搭建物或大树下方停留。

3.1.3 2018 年"7·16"暴雨

2018 年 7 月 15 日夜间至 18 日早晨，北京迎来入汛以来最强降雨过程（"7·16"暴雨），密云区局地出现特大暴雨。全市防汛体系各成员单位闻令而动，共同织就应对暴雨的"天网"，主要防汛力量齐聚密云，靶向防御，开展陆空转移和抢险救援工作。由于强降雨预报早，各成员单位响应及时、应对得当，未发生因强降雨导致的人员伤亡事件。市委书记对本次气象服务给予了高度认可，肯定了气象部门在防汛工作中发挥的支撑作用。

3.1.3.1 天气情况

2018 年 7 月 15 日夜间至 18 日早晨，北京地区出现全市性暴雨，局地大暴雨，个别点特大暴雨。此次降雨过程的特点是：累计雨量大、持续时间长、阵性特征明显、短时雨强大、空间分布不均。

累计雨量大。15 日 20 时至 18 日 06 时，全市平均降雨量 103.1 mm，城区平均 127.2 mm（图 3.11）；全市约 50% 气象站超过 100 mm，主要出现在密云、怀柔、昌平、石景山至房山一带。密云局地出现特大暴雨，最大累计降雨量密云西白莲峪 351.3 mm（密云张家坟水文站最大，为 386 mm）。

持续时间长。15 日 20 时北京西南部开始出现降雨，至 18 日 06 时降雨结束，持续时间达 58 h。

阵性特征明显、短时雨强大。降雨过程中，对流发展旺盛，降水效率高、短时雨强大。最大小时雨强出现在密云西白莲峪，16 日 02 至 03 时降雨 117.0 mm/h，超过 2012 年 "7·21 暴雨"（100.3 mm/h，平谷挂甲峪），仅次于 2011 年 "6·23 暴雨"（128.9 mm/h，石景山模式口）。

空间分布不均。由于低空为西南风，水汽通道从西南向东北延伸，加上地形抬升，此次过程密云、怀柔、昌平、石景山至房山一带降雨相对明显，密云山前降雨最大。东北部平均降雨量为 135.0 mm，其次是西南部 92.5 mm，西北部 58.9 mm，东南部 78.3 mm。

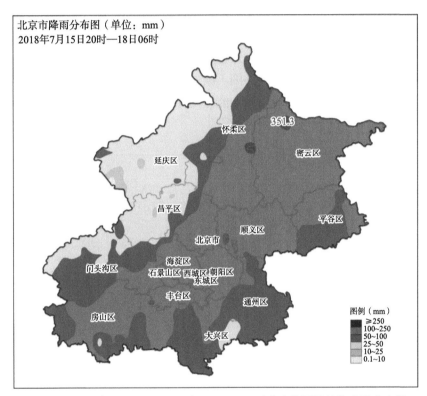

图 3.11 2018 年 7 月 15 日 20 时至 18 日 06 时北京地区累计降水量分布图

强降雨导致密云遥桥峪、沙厂等水库超汛限水位运行，白河张家坟水文站流量形成 1998 年以来最大洪水，市水文总站首发洪水黄色预警。降雨造成北京山区多处地质灾害，包括：密云区琉辛路 K29+000 处发生山体塌方、怀柔区京加路、延琉路出现多处塌方，密云区黄土板村、捧河岩村各有一处房屋倒塌；S310 琉辛路密云区张家坟路段 K29 处、G111 京加线怀柔段 K82+600 处、S310 琉辛路密云区黄土梁村至京东第一瀑（K18 至 K28）路段发生山体塌方。截至 18 日，全市共转移 5399 人，其中密云区转移 3725 人，关闭景区 35 处。

3.1.3.2 天气形势

此次降水过程是受副热带高压（简称副高）外围偏南暖湿气流及西风槽的影响，过程持续时间长、对流性和局地性强、降水强度大，最根本的原因是副高的北跳和稳定维持，一方面，为强降水提供源源不断的水汽供应，另一方面，形成阻挡形势，为降水长持续时间提供有利条件。从 500 hPa 来看（图 3.12a），副高脊线维持在 35°N 以北，并随着时间推移不断西伸加强，西伸脊点到达 110°E 以西。副高的维持和加强导致了低空急流和超低空急流的发展加强，从 700 hPa 和 850 hPa 来看（图 3.12b 和 3.12c），副高外围的西南气流在 17 日 20 时均加强成为超低空急流，并共同作用，稳定维持，从而为北京地区提供了源源不断的水汽供应，形成长时间的强降水天气，而且在此期间北京地区一直存在西南风和东南风的辐合，进一步为水汽的抬升提供了有利条件。

本次过程还受到中高纬度西风带槽的影响，是一次中高纬度系统和热带天气系统共同作用所产生的降水过程。从 500 hPa 来看，16 日前西风槽显著东移，17 日起由于副高的阻挡，稳定在河套地区附近。700 hPa 也有低槽系统位于河套北部—内蒙古一带附近稳定维持。从地面天气系统来看，北京位于地面低压的东南侧，受到偏东南气流的影响，而北京西部和北部为山区，气流和水汽在山前形成辐合，这也是山前降水量更大的原因。

从不稳定层结条件来看，由于副高外围不断的水汽和热量的输送，北京地区低层，尤其是边界层一直维持很大的湿度，对流不稳定能量则伴随着降水，经历了不断的释放和重建的过程，这也是对流持续不断发展的重要因素。

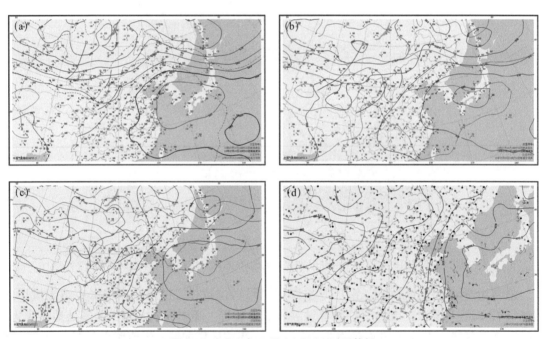

图 3.12　2018 年 7 月 16 日 08 时形势场
（ a. 500 hPa；b. 700 hPa；c. 850 hPa；d. 地面图 ）

3.1.3.3　气象服务回顾

针对此次过程，北京市气象局加强与国家级业务科研单位、在京部队和华北区域气象部门的降雨天气会商研判和联防（图 3.13）。

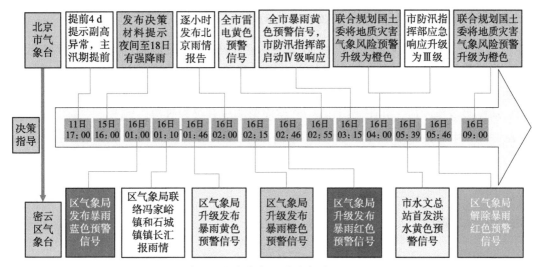

图 3.13　市区两级气象部门联动应对"7·16"暴雨

（1）精细研判，及时发布决策材料

气象部门提前 4 d 预判副高异常，提前 2 d 预判副高异常将给北京带来明显降雨。集多方智慧，助力精准决策，北京市气象台充分发挥天气预报专家智囊团作用，加强与中央气象台、在京部队及京津冀气象部门会商，特别是在欧洲、美国数值模式均未报出 15 日夜间强降水以及过量预报 17 日夜间降水的情况下，依托科技资源优势，基于高分辨率的"睿图"数值预报系统和智能网格产品准确预报了降水过程的起止时间。其中，15 日 16 时发布的《天气情况》中提示从夜间开始至 18 日白天北京多雷阵雨天气，短时雨强较大，需重点防范城市道路积水和山区地质灾害的发生。已经建成的 5 部 X 波段双偏振多普勒天气雷达探测网，其 3 min 的快速扫描功能为预报员捕捉新生强降水回波点、强化单点强降水的快速监测预警提供了有力支撑。

16 日 02 时起，北京市气象台向北京市委、市防汛办等决策部门逐小时提供雨情图表 74 期，累计发布《重要天气报告》《天气情况》和《天气快报》等精细化决策服务材料 8 期，为防汛指挥部门全面、及时掌握最新的气象信息提供决策支撑。

（2）及时预警，为靶向防御提供支撑

根据预判，北京市气象台先后发布雷电黄色预警，暴雨蓝色、黄色预警以及大风蓝色预警信号 6 期，并及时启动分区预警的工作机制，指导区气象局发布预警信号。16 日 04:00 北京市气象局和市规划国土委联合发布地质灾害气象风险黄色预警，16 日 05:39 北京市水文总站发布入汛以来首个洪水黄色预警信号。16 日 09:00 北京市气象局和市规划国土委将地质灾害气象风险预警升级为橙色。

密云区气象局于 16 日 01:00 发布暴雨蓝色预警信号，并在 01:46、02:15、02:46 升级发布暴雨黄色、暴雨橙色和暴雨红色预警信号，1 h 将暴雨预警信号从蓝色升级到红色，并在 16 日凌晨及时联络雨情较大的冯家峪镇、石城镇镇长，及时开展气象决策信息的精准发布。

（3）强化部门联动，共同防御极端强降雨

"发令枪"响，全市防汛部门应急联动共织"天网"，依托北京"1+7+5+16"防汛指挥体系，高效联动。北京市委书记、市长多次通过视频系统指挥调度防汛工作，并赶赴密云区、怀柔区及昌平区调度检查。北京市防汛指挥部根据市气象台发布的暴雨蓝色预警信号，立即启动Ⅳ级应急响应，并于16日04:00将应急响应升级为Ⅲ级。国土、交通、排水、电力、旅游等城市运行保障部门第一时间启动防汛应急预案。锁定强降雨主要落区后，密云区气象局升级发布暴雨红色预警，并在16日凌晨及时联络雨情较大的冯家峪镇、石城镇镇长，告知实时雨情及发展趋势。同时，市气象局安排专家赴区应急指挥中心参加现场应急调度，通报降雨实况及未来天气趋势。全市主要防汛力量齐聚密云，开展陆空抢救工作，靶向防御强降雨的影响，避免了人员伤亡和重大灾情的发生。

（4）发挥融媒体优势，广泛发布灾害防御信息

此次暴雨过程期间，充分发挥融媒体优势，利用不同媒体的传播特性，广泛、高效发布预报预警及天气实况和灾害防御信息，并联合市防汛办及时向媒体解读由于副热带高压提前北上，雨带也随之提前到达华北地区。积极与中国气象局相关单位和北京市委宣传部、北京市网信办加强联动，加强舆论引导，突出以群众安危为中心提供预报预警服务提示、解读降雨成因，防止炒作灾情。

7月11日，通过微博、微信等手段提醒广大市民：北京地区主汛期提前，需关注强对流天气、注意防范地质气象灾害。通过电视台制作节目60档，电台加播节目3档。通过22种渠道和手段向社会公众广泛发布预警和提示信息。面向应急责任人和指挥调度人员的应急手机发布短信；以及全网发布短信提示信息。

北京市气象局于16日07时启动Ⅳ级应急响应，并于16日11时升级为Ⅲ级；与市防汛办24小时无缝隙保持视频沟通，开展加密天气会商10余次。

（5）充分解读雨情，保持舆情平稳

北京市气象局积极与中国气象局相关单位和北京市委宣传部、北京市网信办联动，通过微博微信、电台、报纸等手段进行天气解读和科普提示。组织4次主流媒体集中采访，发布相关纸媒报道50余篇、网媒报道6600余篇。针对本次降雨的特点以及降雨初期网络舆情，通过微博微信、电台、报纸等手段进行天气解读和科普提示，其中气象北京微博发布的"降雨成因""副热带高压""雨为什么下这么久""天气科普：回答大家问得比较多的两个问题"等科普信息获得了公众及主流媒体的点赞和转载。

3.1.3.4 小结与讨论

新技术、新产品在此次降雨气象预报服务过程中发挥了重要作用。尤其是在欧洲、美国数值模式均未报出15日夜间强降水以及过量预报17日夜间降水的情况下，"睿图"短期数值预报系统为预报员对降雨落区、强度、持续时间等的综合判断提供了更加快速、丰富的参考产品，准确预报了降水过程的开始和结束时间。此外，已建成的5部X波段双偏振多普勒天气雷达探测网，其3 min的快速扫描功能为预报员捕捉新生强降水回波点、强化单点强降水的快速监测预警提供了有力支撑。

（1）气象决策信息起到"发令枪"的作用，最大化降低气象灾害带来的损失，没有因强降雨造成人员伤亡事故。通过提前发布准确预报，针对性地开展分区预警，使得全市防汛体系握紧拳头，靶向防御。尽管局地出现了道路塌陷等现象，密云区没有出现重大灾情，更没有因强降雨造成人员伤亡。

（2）气象的精准预报预警使得此次降雨"利大于弊"，最大化保障了降雨带来的经济效益。截至 7 月 17 日 18 时，密云水库水位和蓄水量均创 1999 年以来新高。降雨带来巨大的经济效益的同时，也带来了库坝溃塌的风险。如何掌握下泄流量，才能在安全界限内最大化保障经济效益，又不会给下游防汛带来压力？后续降雨的精准预报很好地发挥了"指挥棒"的决策作用。

（3）再次印证了北京市气象局"三维三进"工作理念和分区预警工作机制的成效。独具北京特色的分区域、分时段、分强度的"分区预警"机制，让提示和服务更有针对性，避免了其他地区的过度防范，使得全市防汛资源发挥更大效益。

（4）气象预报服务工作再次获得肯定。北京市委书记及市政府相关领导对本次气象服务给予了高度认可，指出在市防汛指挥部的统一指挥下，气象部门加密会商预报，利用先进手段，发挥出预报的参谋助手作用。

3.1.4　2023 年"23·7"极端强降雨

2023 年 7 月 29 日 20 时至 8 月 2 日 07 时，北京出现百年一遇的极端强降雨。气象部门坚决贯彻落实总书记关于气象工作重要指示和对北京的系列重要讲话精神，坚持"人民至上、生命至上"和首善标准，成功预报，提前发布暴雨预警信号，气象预报服务工作获得中国气象局和北京市领导的充分肯定。

3.1.4.1　天气情况

受台风"杜苏芮"残余环流和地形等多因素影响，7 月 29 日至 8 月 2 日北京地区出现极端强降雨，本次降雨过程具有持续时间长、累计雨量大、极端性强等特点。

（1）平均雨量大，区域特征明显。7 月 29 日 20 时至 8 月 2 日 07 时，全市平均降雨量 331.0 mm，占常年全年平均降雨量（551.3 mm）的 60%，远超 1963 年"63·8"特大暴雨（281.2 mm）和 2012 年"7·21"特大暴雨（170 mm）。累计降雨量 400 mm 以上面积达 3526 km²（占全市约 21.5%），600 mm 以上面积达 1556 km²（占全市约 9.5%），800 mm 以上面积达 175 km²。

西部沿山一带降雨尤其明显（图 3.14），房山平均降雨量为 627.1 mm，门头沟为 565.3 mm，远超全市平均降雨量，位列全市各区平均降雨量的第一和第二位。

（2）持续时间长，阶段性明显。降雨持续 83 h，远超 2012 年"7·21"特大暴雨（20 h），仅次于"63·8"特大暴雨（144 h）。从逐时全市平均降雨量和最大小时雨强时序图可以看出（图 3.15），小时雨强大于 20 mm/h 为 61 h，占过程总时间约四分之三。强降雨呈现五个阶段性特征，第二和第四阶段为主要强降雨阶段（表 3.3），均为全市范围降雨，且西部地区明显。

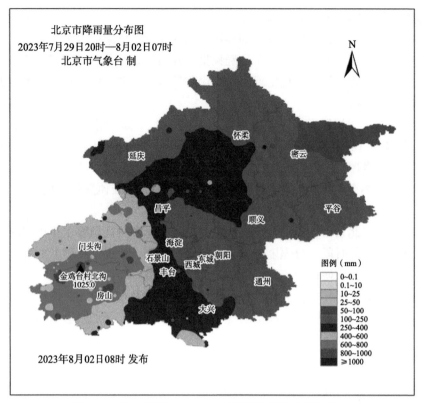

图 3.14 北京地区 "23·7" 极端强降雨过程雨量分布

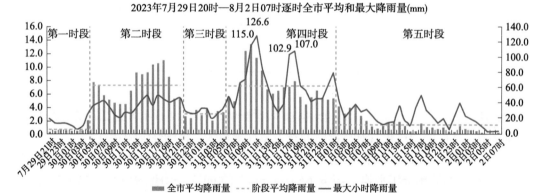

图 3.15 逐时全市平均降雨量（mm）和最大小时雨强（mm/h）时序图

表 3.3 北京地区 "23·7" 极端强降雨五个阶段降雨时间、强度和影响区域对比表

分时段	第一阶段	第二阶段	第三阶段	第四阶段	第五阶段
影响时间段	7月29日20时—30日05时	30日05—21时	30日21时—31日06时	31日06时—8月1日01时	8月1日01时—2日07时
持续时间	9 h	16 h	9 h	19 h	30 h
最大小时雨强	<20 mm/h	30～50 mm/h	20～40 mm/h	50～100 mm/h	10～40 mm/h
主要影响区域	分散性	全市范围，西南部明显	西部山区	全市范围，西部明显	西部转东部

（3）单站降雨量破历史极值。气象部门站点中，房山新村气象观测站记录到 879.4 mm 降雨量，历史排位第一，为北京有仪器测量记录 140 年以来的最大降雨量。远超 2012 年 "7·21" 特大暴雨单点极值（房山河北镇 541.0 mm）和 1963 年 "63·8" 特大暴雨单点极值（海淀站 512.8 mm）。房山、门头沟单站滑动 24 小时最大降雨量均超过 600 mm，分别达 657.2 mm、657.5 mm（表 3.4）。

全市 86 站次（占比约 12.7%）降雨量超过 600 mm；有 28 站超过 800 mm，均出现在房山、门头沟和昌平，其中有 3 个站降雨量超过 1000 mm（市规自委雨量站），最大值房山金鸡台村北沟 1025.0 mm。

表 3.4　房山、门头沟、昌平单站 24 h 滑动最大降雨量

行政区	24 小时最大降雨量 /mm	出现点位	出现时间	占本站过程总量百分比 /%
房山	657.2	佛子庄乡北窖村委会	7 月 30 日 12 时至 31 日 12 时	65.2%
门头沟	657.5	天桥浮村拉拉湖村泥石流	7 月 30 日 10 时至 31 日 10 时	70.8%
昌平	568.2	狼儿峪村	7 月 30 日 12 时至 31 日 12 时	70.5%

（4）地形增幅作用明显，西部山区短时雨强强。受西部山地地形影响，旺盛的东南暖湿气流在西部沿山一带强迫抬升，从而加剧了当地降雨强度，而且山前强烈的上升运动持续近 30 h，导致北京西部山区的房山、门头沟至昌平一带出现历史罕见强降雨。全市共有 128 站次小时雨强 ≥50 mm/h；33 站次小时雨强 ≥70 mm/h；10 站次小时雨强 ≥100 mm/h，其中 8 个出现在门头沟、房山和丰台西部，2 个出现在大兴。最大小时雨强出现在门头沟龙泉地区办事处，为 126.6 mm/h（31 日 10 至 11 时），是 2010 年以来观测到的第二大小时雨强，仅次于 2011 年 6 月 23 日石景山模式口 128.9 mm/h，超过 2012 年 "7·21" 过程（100.3 mm/h）。

3.1.4.2　受灾情况

据北京市人民政府新闻办公室通报，截至 2023 年 8 月 9 日，此次强降雨过程造成北京地区死亡 33 人（主要由洪水冲淹、冲塌房屋等原因造成），因抢险救援牺牲 5 人；另有 18 人失踪（包括 1 名抢险救援人员）。洪涝灾害共造成近 129 万人受灾，房屋倒塌 5.9 万间，严重损坏房屋 14.7 万间，农作物受灾面积 22.5 万亩 [①]。水利工程方面，110 余条河流发生超标准洪水，280 余千米河道堤防损毁；4 座中型水库、13 座小型水库、16 座水闸出现不同程度的水毁。水务设施方面，20 座城乡供水厂、264 座农村供水站、18 座城镇污水处理厂、363 座农村污水处理设施停运或受到影响，1980 余千米供水管线、2140 余千米排水管线受损，全市 507 个村供水受到影响。电力设施方面，70 条 10 kV 供电线路、1812 个台区、9600 余处配电设备受损，造成 273 个村和 16 个小区断电。通信设施方面，3188 个基站、1367 个铁塔、3146 km 杆路受到损毁，造成 342 个村通信中断。交通设施方面，县级以上公路受损 93 条段，乡村公路受损 840 条段，256 个村交通中断。

---

① 　1 亩 ≈ 666.67 m²。

3.1.4.3 天气形势

超强台风"杜苏芮"7月28日上午在福建晋江登陆，于29日早晨在安徽境内减弱为热带低压，并于当日11时停止编号，其残余环流继续北上，29日夜间台风低压外围开始影响北京。降雨期间，北京高空为副高外围及低压环流控制（图3.16a），地面为低压倒槽影响（图3.16b）。此次极端强降雨主要是由台风"杜苏芮"残余环流水汽含量充沛、副热带高压系统阻挡和地形抬升等共同作用造成。

（1）稳定的"高压坝"使得台风"杜苏芮"残余环流移速慢，降雨持续时间长。台风"杜苏芮"残余环流北上过程中，京津冀东部强大的副热带高压（图3.16c）和西部高压脊东移，在华北北部形成"高压坝"，"高压坝"迟滞台风"杜苏芮"及其残余环流北上，因此，台风"杜苏芮"在华北到黄淮一带的停留时间增长，导致降雨过程持续时间长、累计雨量大。

（2）在台风"杜苏芮"、2306号台风"卡努"和副高的共同影响下水汽条件充沛。台风"杜苏芮"本身携带了大量的水汽，残余的低压系统和强大的副热带高压相互配合，形成较强气压梯度，引导东风、东南风显著增强，水汽畅通无阻向北输送。此外，位于西太平洋上的台风"卡努"也起到重要作用，较强东南风将台风"卡努"附近的水汽源源不断地远距离输送到华北平原（图3.16d）。两条水汽通道带来了不同寻常的水汽条件，造成此次过程降雨量极大。

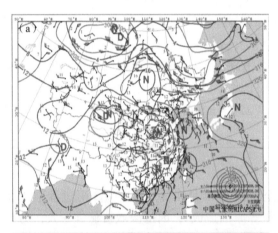
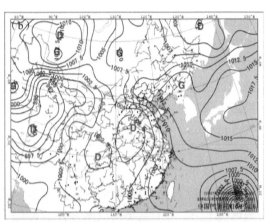

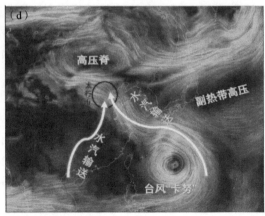

图 3.16　2023 年"23·7"过程形势场

（a.30 日 08 时 700 hPa 环流场；b.30 日 08 时地面形势；c."高压坝"示意图；d.水汽输送示意图）

（3）京津冀地形作用有利于降水的增强。西部太行山脉与携带水汽的东风和东南风正向相交，北边燕山山脉也与水汽通道存在交角，水汽受地形的阻挡抬升，在山前形成极端强降雨。中小尺度地形通过强迫抬升作用使得降雨强度大幅加强的研究较多。丁一汇（2015）指出，在河南 1975 年 "75 · 8" 特大暴雨过程中，整个北西北—南东南雨区走向与伏牛山迎风面的地形一致，小地形降雨约占整个降雨过程的 1/3～1/4，说明了地形增幅作用的重要性。

3.1.4.4　气象服务回顾

针对此次过程，北京市气象局加强与国家级业务科研单位、华北区域气象部门、海河流域气象中心的降雨天气联防和会商研判，充分发挥防灾减灾第一道防线的作用，全力做好极端强降雨的防御应对工作。

（1）持续关注台风动向，提前筹备工作，及时启动应急响应

7 月 25 日起，气象部门密切跟踪台风 "杜苏芮" 的路径和强度，研判可能对北京造成的影响。7 月 28 日 16 时进入特别工作状态，领导靠前指挥调度，全面应对 "23 · 7" 极端强降雨过程。中国气象局和北京市委、市政府领导 20 余次调度，亲临北京市气象局部署气象监测预报预警工作。主要负责同志靠前指挥、深入一线。27 日起，与各防汛专项分指、流域防指、区防指保持 24 h 视频在线。全面落实汛期汛情 "零报告" 和高级别预警 "叫应" 机制。

（2）提前 40 h 发布暴雨预警信号，打响防汛 "发令枪"

深化国省和京津冀联动，多方专家共同把关机制，组织召开专题会商 6 次。组织首席对此次过程与历史影响北京的台风个例，以及 "63 · 8" 等过程进行全面对比、详细分析。经过综合研判，北京市气象台 7 月 29 日 11 时 45 分发布暴雨橙色预警信号，提前量 41.3 h，29 日 17 时 30 分升级为暴雨红色预警信号，31 日 10 时继续发布分区域的暴雨红色预警信号（图 3.17）。同时，联合市规自委发布地质灾害气象风险预警，联合市水务局发布山洪灾害风险预警、城市内涝风险预警。各区气象局发布暴雨、雷电、大风等预警信号 120 余期。气象信息全面融入 "1+5+7+16+N" 北京防汛应急指挥体系。

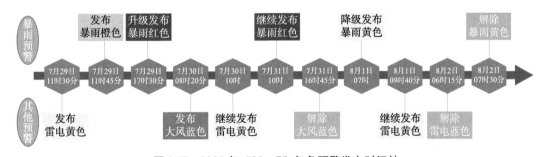

图 3.17　2023 年 "23 · 7" 气象预警发布时间轴

（3）递进式服务，滚动发布决策材料，高频次跟踪雨情信息

按照 "趋势预测、风险提示、临灾预警" 递进式工作流程，7 月 26 日、27 日连续两晚，气象部门与北京市防汛关键部门进行点对点专题研讨台风 "杜苏芮" 影响的可能性和风险；

27 日夜间，北京市气象局领导首次向主管副市长汇报。充分发挥分众式服务，28 日上午发布首期决策服务内参，主要面向北京市领导和防汛关键部门责任人提供决策服务；29 日上午发布首期决策服务材料《重要天气报告》，为全市委办局等所有决策用户提供定时、定点、定量的确定性结论（图 3.18）。同时，与中国气象局、市委网信办联合加强舆情引导、分析研判、科学释惑，29 日起主动发声，召开 2 场新闻通气会，依托"北京发布"矩阵式平台全网滚动推送预报预警信息和服务提示，首席直播 30 余次。

降雨开始后，通过微信群、京办群对防汛应急指挥部门等提供逐小时，关键时段逐半小时，甚至逐 15 min 北京及京津冀降雨信息。同时，加强与海河流域气象中心的联动，滚动发布海河流域雨量图表信息。启动国省双首席共同值守制度，中央气象台、气象探测中心首席专家连日驻场值守。在房山、门头沟部分自动气象站数据缺失的情况下，紧急联系国家级业务单位给予支持，应用雷达定量降水估测产品插值反演至故障站点，再与全市其他自动站降雨数据进行融合分析，形成雨量图表。

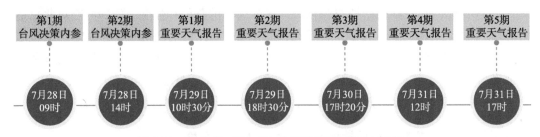

图 3.18 2023 年 "23·7" 决策服务材料发布时间轴

（4）贴身式现场决策服务，科普解读极端性和风险

强降雨期间，主要领导坐镇指挥，分管局领导分赴核心区应急指挥中心开展现场服务，局领导带队赴房山区政府参与防汛救灾气象服务工作。关键节点，主管局长陪同市委书记赴房山现场勘查降雨及防灾抗灾情况。同时，针对首都功能核心区"两区一委"（东城、西城、天安门管委会），派遣 3 名首席和骨干分别开展驻场服务。现场服务的主要任务是解读本次极端强降雨的特点、历史上对比的情况，以及可能产生的影响等，为决策用户更好理解气象预报预警信息，开展针对性的指挥调度提供支撑。

（5）启动暴雨风险预估业务，第一时间"叫应"防汛责任人

按照灾害风险预估业务规范，及时启动暴雨灾害风险预估业务。根据暴雨风险预估产品显示（图 3.19），7 月 29 日夜间至 8 月 2 日北京地区有暴雨灾害高风险，30 日和 31 日强降雨落区重叠度高、极端性强，山区和浅山区山洪、滑坡、崩塌、泥石流等次生灾害风险高；同时关注水库汛限水位，科学实施泄洪，确保中小河流、水库安全；城区需重点防范城市内涝风险。

基于暴雨气象灾害高风险，气象部门及时启动市、区两级最高级别的内外叫应机制，第一时间"叫应"党政主要负责人和应急、水务、规自委等防汛关键部门。根据气象预报，7月 28 日台风登陆福建后，北京市政府连夜进行部署，预置前置 20 余万人防汛抢险队伍，12.3 万名干部下沉进驻山区村落、低洼点位。

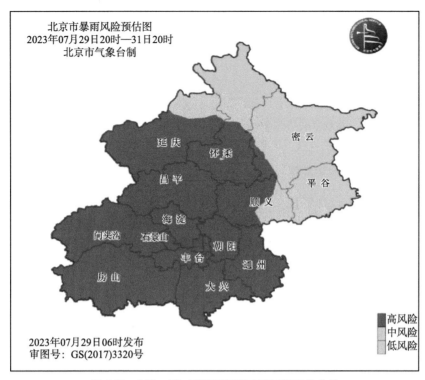

图 3.19　"23·7"极端强降雨暴雨风险预估产品

（6）为直升机救灾提供精细化决策服务，为防灾救灾提供支撑

7 月 31 日起，逐小时滚动预报门头沟、房山、昌平等 6 个区未来 12 h 逐小时预报。8 月 1 日 11 时起，为直升机救援持续提供专项服务，05—18 时逐小时滚动更新四个关键点（通州机场、房山十渡、门头沟沿河城、昌平沙河机场）的精细化要素预报。

3.1.4.5　小结与讨论

（1）气象服务效果

"23·7"极端强降雨过程的预报与实况基本吻合（表 3.5），各项应对工作较为成功。相关成绩的取得，得益于各级部门领导的靠前指挥，得益于气象高质量发展和现代化建设成果的充分应用，得益于极端天气联防联动机制作用的充分发挥，得益于气象干部职工敢于担当、甘于奉献。气象预报预警工作获得中国气象局和北京市委、市政府的充分肯定。

表 3.5　"23·7"极端强降雨实况与预报对比情况

对比项	实况	预报
影响时间	7 月 29 日 20 时—8 月 2 日 07 时	7 月 29 日 20 时—8 月 1 日 20 时
全市平均降雨量	331.0 mm	250～300 mm
局地降雨量	房山区平均 627.1 mm 门头沟区平均 565.3 mm 城区平均 245.4 mm	西部、城区及南部＞350 mm

对比项	实况	预报
单点最大降雨量	879.4 mm （市规自委站 1025 mm）	＞600 mm
最大小时雨强	114.2 mm/h （市规自委站 126.6 mm/h）	80～100 mm/h

（2）存在问题及下一步工作

一是极端天气的预报预警能力还有待于提高。"23·7"极端强降雨单点最大降雨量 879.4 mm（气象部门最大站点），超过预报单点最大雨量 600 mm。全球气候变暖背景下，极端天气频发、多发，甚至经常刷新预报员的认知。极端天气的科学认识、数值模式预报的精准度有待于提高。下一步需要加大人工智能等新技术的应用，进一步提高极端天气预报预警能力。

二是极端天气的应急处置能力还有待于完善。本次降雨过程共有 90 个气象站损毁或数据缺失，降雨后期房山、门头沟几乎大部分地区气象实况数据缺失。一方面是由于基站被冲毁，导致数据无法回传；另一方面是气象站被冲毁，无法观测。气象实况数据缺失后，临时采用雷达定量降水估测产品插值至被冲毁站点，再进行雨量的统计分析，整个过程大部分工作都需要人工操作，自动化程度极低。下一步，需要考虑提高气象站建站的标准，包括基础建设及数据传输方式（如北斗）等。同时，气象服务也要考虑观测站点可替代性的备份方案，再次遇到大面积数据缺失情况下可以快速切换，以保障服务效果。

三是气象灾害风险预估还有待于进一步细化。"23·7"极端天气过程中，北京大部分地区为暴雨高风险，难以体现高风险区域风险的程度和特点。针对极端天气风险等级划分是否还可以再细化，如何发展分区、分时段、分强度的精细化风险预估技术，如何使得风险预估的产品更好地指导用户决策，下一步需要建立风险预估团队进行细致的研究。

四是极端天气服务策略有待于进一步研究。极端天气过程中气象信息的发布频次大幅度增加，给值班工作带来很大的压力，需要进一步完善决策气象服务平台的智能化、自动化水平。同时，如何既能保障用户可以及时收到气象关键信息，又避免出现信息"轰炸"的情况，还需要进一步探索极端天气服务策略。下一步需要收集海量的数据和素材，进行关键信息的挖掘和分析，构建可更新迭代的气象知识库，提高气象服务效果。

3.2 短时强降雨

3.2.1 短时强降雨特征

短时强降雨指的是某地 1 h 内降雨量超过 20 mm 的天气现象。短时强降雨作为强对流天气现象的一种,可以出现在一般性雷雨天气过程中,也可以出现在暴雨甚至特大暴雨事件中。持续性或反复出现的短时强降雨,更容易形成暴雨甚至特大暴雨事件。

短时强降雨的"爆发力"强,易引发城市内涝和山洪、泥石流、滑坡等灾害。也是天气预报服务关注的重点和难点。全球气候变暖和频繁人类活动干扰的大背景下,强降雨引发的城市积涝、交通拥堵等事件屡见不鲜,给城市生命线气象服务保障工作带来巨大的压力。迄今为止,中国大陆观测到的小时雨强纪录为 2021 年"7·20"郑州,达 201.9 mm/h。图 3.20 为 2009—2023 北京地区观测到的小时降雨量超过 100 mm 的站点及排序,北京地区最大小时雨强出现在 2011 年"6·23"过程,石景山区模式口站,为 128.9 mm/h。

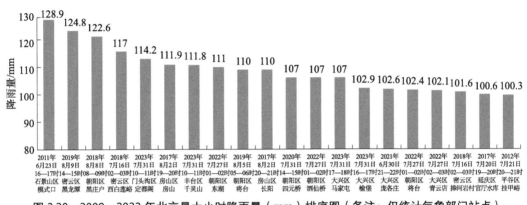

图 3.20　2009—2023 年北京最大小时降雨量(mm)排序图(备注:仅统计气象部门站点)

从站点分布来看(图 3.21),小时雨量超过 100 mm 的站点中,朝阳区最多为 6 站次(其中将台出现 2 次),大兴区 4 站次,密云区 3 站次,房山区 2 站次,石景山、门头沟区、丰台区、延庆区、平谷区各 1 站次。

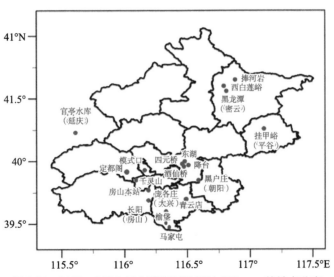

图 3.21　2009—2023 年小时降雨量超过 100 mm 的站点分布
(备注:仅统计气象部门站点)

3.2.2 递进式服务要点

3.2.2.1 递进式服务流程

短时强降雨时间短、强度大，更容易引发突发的山洪、山体滑坡、泥石流、城市内涝等衍生灾害。按照气象灾害演进及其防范应对进程顺序，强降雨递进式气象服务分为"前期准备、预报预测、风险提示、临灾预警、复盘总结"五个阶段，如图 3.22 所示。

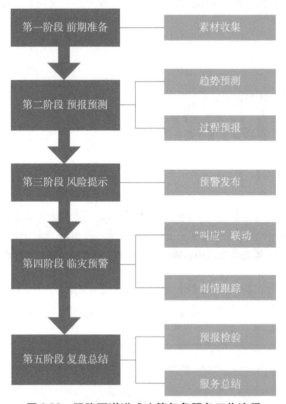

图 3.22 强降雨递进式决策气象服务工作流程

（1）第一阶段：前期准备

北京地区降雨特点之一就是局地性强，多强对流天气引发短时强降雨事件。短时强降雨提前量短，气象服务过程中涉及的决策材料、新闻通稿等都需要快速的制作发布，前期准备工作更为重要。强降雨的准备工作主要是强降雨涉及的相关素材收集和整理，为强降雨过程的天气会商、决策服务材料撰写提供支撑，如此次强降雨过程的持续时间、影响范围等，是否与前期降雨过程重点区域有所叠加，是否涉及重要隐患区域；同时查询历年北京最大小时雨强情况，是否在雨强和总雨量上存在极端情况，以及此次天气成因素材、涉及的防御指南等，提前做好素材准备工作。

（2）第二阶段：预报预测

①趋势预测：短时强降雨的预报难度大，前期的趋势预测更多针对本地的对流潜势预

测。一般提前 3 d 左右，当北京地区可能受到强降雨影响时，通过每天早晚发布的未来 3 d 专报等常规产品，用定性的语言通报雷雨过程及其强度等。

②过程预报：根据天气形势和对流潜势，判断对流类型，逐步转为强降雨的定量预报，包括短时强降雨可能发生的时间和空间范围。一般提前 24 h 发布重要天气报告或天气情况等决策材料，明确强降雨发生起止时间、量级、范围，为提前做好短时强降雨应对工作提供科学参考。同时在首期材料发布后，及时根据形势调整更新发布决策材料。

（3）第三阶段：风险提示

①预警信号发布：依据北京预警信号发布业务标准，按照 1 小时降雨标准（蓝色 30 mm、黄色 50 mm、橙色 70 mm、红色 100 mm），或者 6 h 降雨标准（蓝色 50 mm、黄色 70 mm、橙色 100 mm、红色 150 mm）、24 h 降雨标准（蓝色 70 mm、黄色 100 mm、橙色 150 mm、红色 200 mm），及时滚动发布暴雨预警信号，并指导各区气象局发布分区暴雨预警信号。

②部门联动预警：关注本次强降雨与前期降雨是否叠加，以及强降雨的落区是在城区或者山区，视情况联合市水务局发布山洪灾害风险预警、城市内涝风险预警；联合市规自委发布地质灾害气象风险预警。

（4）第四阶段

①"叫应"联动：由于短时强降雨时间短、雨量大，需关注短时强降雨可能发生范围是否旱涝急转或持续降雨，提前提示防范山洪、泥石流、崩塌等次生灾害。同时，针对城市低洼路段提示积水风险，及时通过电话、传真、微信等方式叫应本级党委政府有关领导和应急管理部门有关负责人，做好联动服务。重点关注山区地质灾害隐患点，以及核心区、城市副中心等重点地区防御情况等。

②雨情跟踪：降雨初期，关注京津冀周边降雨实况，及时发布雷达回波图、雨情实况、短临预报等信息。当实况出现较强降雨时，除发布常规雨量图表外，适时发布全市排名前 10 雨量站的相关信息；并根据雨强特点，及时为决策用户滚动发布关注站点逐 5 min 雨情时序图等。

（5）第五阶段：复盘总结

①预报检验：从主观和客观的角度对本次强降雨过程的预报情况进行评估，包括提前量和准确率、落区预报、最大小时雨强等。

②服务总结：总结分析本次过程气象服务情况，包括雨情实况及特点、灾情、强降雨历史排位、成因解读、预报检验、服务情况、经验与不足，探索改进措施，做好强降雨过程素材的存档。

3.2.2.2　强降雨服务关注点

强降雨大多由强对流天气引起。由于强对流尺度小、移动性大，在某个点位维持时间短，受站点分布密度等限制，强降雨预报预警一直是世界难题。强对流天气监测主要利用雷达、地面观测等信息综合分析，决策服务中的关注点包括：

①短时临近监测：短时强降雨可预报的提前量一般都很小，前期要多关注本地能量条

件、动力条件，预判可能出现强降雨的风险。跟踪过程中，重点关注雷暴下山过程中是减弱还是增强，同时关注本地对流单体新生发展的可能性。

②注意降雨叠加效应：已经发生降雨的地区，再次出现强降雨时更容易引发城市内涝、地质灾害等事件，因此需要密切关注强降雨的叠加效应，特别是山区的地质灾害风险。

③掌握短时强降雨的时间和空间特点：北京地区短时强降雨从空间上看，分布在山前及山前的平原地区，与地形有密切关系。例如靠近城区的西山山前及城区，怀柔、昌平和顺义交界的山前到密云水库一带、平谷区山前地区；从时间上看，午后至前半夜发生概率较高，持续时间一般在 30 min 到 1 h。

④关注强降雨预报着眼点：一是多种天气尺度系统下都可能出现局地短时强降水，预报需重点关注引发强降水的对流条件。最重要的是水汽条件，要求低层湿度较大，700 hPa 或以下层次 T-T_d≤4℃ 是重要的预报指标。

二是不稳定层结，K≥32℃、LI 或 SI 为负值、具备一定的 CAPE 等都是有利的不稳定条件。

三是触发机制，边界层辐合线是最常见的触发局地短时强降水的中尺度系统，地形作用、局地热力环流对局地强降水的发生发展有重要作用。

四是局地强降水的短时临近预报预警，需要充分利用云图、雷达、风廓线、微波辐射计、自动站等高时空分辨率的资料，结合中尺度数值模式，从高低空温度、湿度和风场以及冷空气活动的变化判断稳定度、水汽条件的变化以及可能的触发机制，临近关注对流回波的演变和边界层的热动力结构。

3.2.2.3　强降雨防御指南

强降雨决策气象服务材料内容通常包括实况、预报及影响分析、决策建议三部分，需要注意强降雨与早晚高峰、重大活动关键节点的叠加。常用的防御指南包括：

①强降雨造成路面湿滑、能见度下降、低洼路段积水，对交通、排水等城市运行保障，特别是早晚高峰交通将造成较大影响，请相关部门提前采取应对举措。

②强降雨过程山区和浅山区山洪、滑坡、崩塌、泥石流等次生灾害风险较高，请注意防范；强降雨易引发中小河流洪水，需加强流域灾害隐患点的巡查排险。

③关注山洪沟渠地质灾害风险，做好隐患区域巡查工作；关注水库汛限水位，科学实施泄洪，确保中小河流、水库安全；及时组织危险区域人员转移避险。

④相关部门需做好交通疏导，驾驶人员要及时了解交通信息和前方路况，注意道路积水和交通阻塞，遇到路面或立交桥下积水过深，应尽量绕行，切勿涉水行车，确保生命财产安全。

⑤周末公众出游人员较多，须加强流域灾害隐患点的巡查排险，提示公众远离山区、河道、地质灾害隐患区域。

3.2.3　2011 年 "6·23" 强降雨

2011 年 6 月 23 日，被阴云笼罩了一天后，北京突然进入 "黑夜"，随之出现历史罕见的短时强降雨。石景山模式口站小时降雨量 128.9 mm，为近十年北京地区最大小时雨强。降雨时段刚好与下班晚高峰叠加，给北京城区的道路交通和部分基础设施造成较大影响。部分路段的排水设备满足不了当时的排水需求而造成了严重的城市积涝，造成了北京城区交通的严重堵塞，导致部分路段交通瘫痪，引起社会各界的广泛关注。

3.2.3.1 天气情况

2011 年 6 月 23 日，受东移的蒙古冷涡和低层沿东北平原南下的冷空气以及偏南暖湿气流共同影响，北京城区出现了大暴雨，并伴有雷电，降雨强度大。图 3.23a 为 6 月 23 日 14 至 20 时北京地区 6 h 降雨量分布图，可以看到本次降雨空间分布极不均匀，强降雨主要集中在城区石景山和丰台附近，北京其他区部分地区基本无降雨。全市平均降雨量为 39 mm，城区平均降雨量为 63 mm，其中最大降雨量出现在石景山区的模式口，为 185.8 mm。6 h 雨量超过 100 mm 的其他站包括雕塑园 150 mm，石景山站 135 mm，紫竹院 117 mm，五棵松 116 mm，老山 114 mm，中国气象局 112 mm，丽泽桥 108 mm 和丰台体育中心 105 mm。

从南郊观象台、天安门和模式口逐时雨量演变来看（图 3.23b），本次降雨时段主要集中在 16—19 时，17 时石景山区模式口站和天安门站分别达到最大雨强，分别为 128.9 mm/h 和 40 mm/h；观象台在 18 时达到该站最大雨强，为 59 mm/h。20 时之后主要雨带移出本市，局部地区仍有小雨。

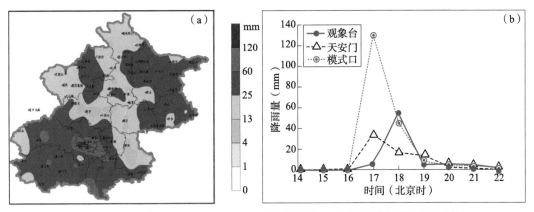

图 3.23　2011 年 6 月 23 日 14 至 20 时降雨量（a）及逐小时降雨时序图（b）

3.2.3.2 天气成因分析

这是一次高空低涡东移，其后部伴有横槽、低层配合 850 hPa 低涡、切变线，地面有倒槽和锋面南压造成的一次飑线天气过程。从 08 时天气尺度环流背景场上看（图 3.24），在强降雨发生前 500 hPa 贝加尔湖以东地区为一阻塞高压，从日本海北部经我国东北到华北北部为一横槽，有明显的冷温度槽与横槽相配合。在较强的东北气流的引导下，850 hPa 切变线南压。在低纬地区，西太平洋副热带高压稳定少动，副高西侧的偏南暖湿气流将不稳定能量和水汽大量地聚集在北京地区，与切变线的偏北气流在北京附近产生强烈交汇（图 3.25）。

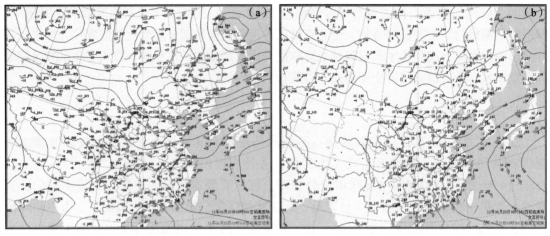

图 3.24 2011 年 6 月 23 日 08 时天气形势场（a.500 hPa；b.850 hPa）

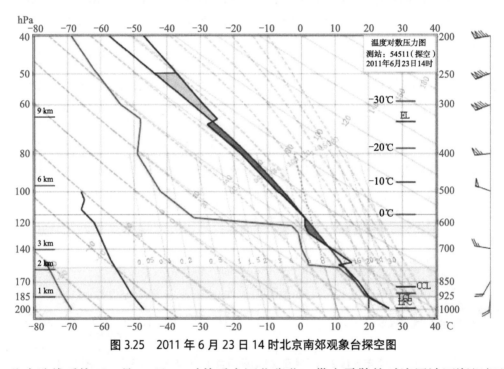

图 3.25 2011 年 6 月 23 日 14 时北京南郊观象台探空图

此次飑线系统于 6 月 23 日 11 时前后在河北张北一带由零散的对流回波逐渐组织发展而形成，呈东北—西南走向，以 50 km/h 左右的速度向东南方向移动，从形成至消亡历时约 11 h。强盛时期飑线长约 400 km，宽度约 80 km，飑线上出现多段弓形回波结构（图 3.26）。飑线自北京西北部地区进入，移入平原地区后飑线的结构逐渐断裂。断裂带上嵌有若干强度超过 60 dBZ 的单体并强烈发展，有悬垂回波特征。垂直剖面显示（图略），伴随飑线出现的超级单体最强反射率因子高度达 8 km，回波顶高发展接近 12 km。

3.2.3.3 气象服务回顾

北京市气象台在 6 月 23 日 15:15 发布雷电黄色预警信号，提示未来 6 h 内本市将出现雷雨天气，局地有短时大风、冰雹和短时强降水；16:10 发布暴雨蓝色预警信号，提示城区

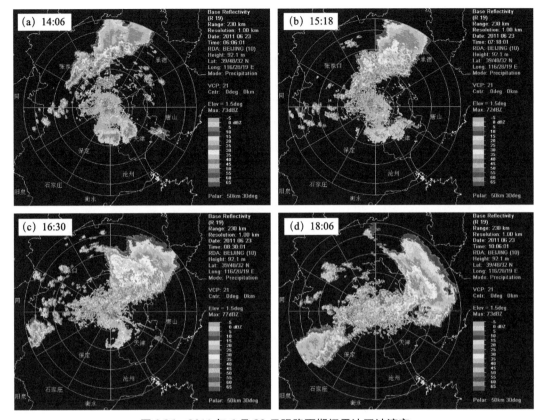

图 3.26　2011 年 6 月 23 日强降雨期间雷达回波演变

部分降雨量达 50 mm 以上。北京市国土资源局和北京市气象局联合发布 2011 年首个地质灾害黄色预警，提示傍晚到夜间本市北部山区的昌平北部、怀柔中北部、密云西北部、延庆山区大部、平谷东北部等地区地质灾害预报等级为 3 级（黄色预警），发生泥石流、崩塌、滑坡等地质灾害的可能性较大。

北京市专业气象台针对"6·23"暴雨过程，在 23 日早晨 07 时气象服务专报中提示午后到夜间有中到大雨局地暴雨，城区雨量 15～40 mm，局地 80 mm，雷雨时短时风力较大。通过各种服务手段及时向城市运行行业服务单位和公众发布了强降雨预报和预警，并提醒城市运行管理部门和司机行人要注意道路积水和交通阻塞，确保行车安全。针对此次降雨过程，排水集团共出动车辆设备 277 台套，共出动人员 1193 人，其中人巡 105 人，车巡 90 人，泵站值守人员 224 人，桥区值守 129 人，大型抢险单元 270 人，小型抢险单元 55 人，打捞组 320 人。累计抽升时间约 300 h，抽升量近 50 万 t。

3.2.3.4　小结与讨论

23 日 16 时，在被阴云笼罩了一天后，北京突然进入"黑夜"。"黑昼"在盛夏强对流天气中偶有出现，但并不多见。2008 年 6 月 13 日和 2009 年 6 月 16 日分别出现过。

本次过程，石景山模式口站小时降雨量 128.9 mm，为近十年来北京地区最大小时雨强。此次强降雨由于降雨强度大、降雨时间集中，并且主要降雨时段刚好处于下班高峰期，给北京城区的道路交通和部分基础设施造成了较大的负面影响。由于降雨形成密实的雨帘，汽车雨刷无法及时刷除，造成视线不清，正赶上晚高峰，京城能见度降低，几乎所有汽车都打开了雾灯并缓慢行驶。强降雨导致多条环路及主干道积水拥堵，部分环路断路，地铁 1 号线、13 号线、亦庄线等线路部分区段停运。一些主要交通干道上的立交桥和部分路段的排水设备满足不了当时的排水需求而造成了严重的城市积涝，造成了北京城区交通的严重堵塞，导致部分路段交通瘫痪，引起社会各界的广泛关注。人民网评：暴雨致积水严重，城市内涝是考验更是拷问。《新京报》评论：不要在北京再"看到海"。数值预报难以解决极端性降水问题，暴雨的定时、定量、定点的降水预报服务已经成为预报的难点，也是下一步要研究的重点。

3.3 冰 雹

冰雹是以雹胚为核心在冰雹云中撞冻大量过冷却水而形成的，是北京夏季灾害性天气之一。冰雹是伴随飑线、局地强风暴等强对流系统出现的一种天气现象，破坏力很大，常给人民的生命财产带来严重危害。雹区范围不大，通常宽几千米，长几十千米，多呈带状分布，有"雹打一条线"之说。持续时间一般几分钟到十几分钟，最长可达 1 h。

3.3.1 冰雹天气特征

根据 2014 至 2023 年全市气象信息员上报的重要天气报告信息统计，冰雹现象一般出现在 4—9 月，6—7 月为冰雹多发季节，峰值出现在 6 月中下旬（图 3.27）。2014 年以来，观测到的冰雹最早出现在 3 月上旬（2020 年 3 月 9 日怀柔站和怀柔甘涧峪村）。从冰雹日数的空间分布（图 3.28）可以看出，延庆、怀柔、平谷、门头沟、房山等北部、西部山区一带为冰雹多发区，朝阳、海淀、丰台、石景山、大兴、通州等平原一带相对较少。

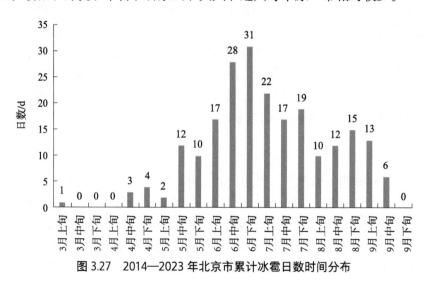

图 3.27　2014—2023 年北京市累计冰雹日数时间分布

图 3.28　2014—2023 年北京市累计冰雹日数（d）空间分布

3.3.2　递进式服务要点

3.3.2.1　递进式服务流程

冰雹可预报的时间提前量小，按照气象灾害演进及其防范应对进程，冰雹递进式气象服务分为"前期准备、预报预测、风险提示、临灾预警、复盘总结"五个阶段，如图 3.29 所示。

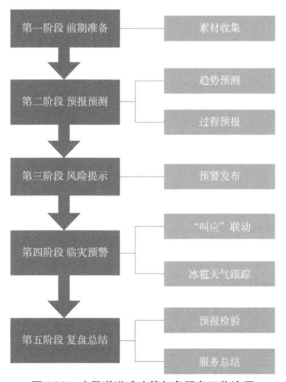

图 3.29　冰雹递进式决策气象服务工作流程

（1）第一阶段：前期准备

冰雹的准备工作主要是冰雹决策气象服务过程中涉及的相关素材收集和整理，为冰雹强对流过程的天气会商、决策服务材料、新闻通稿的撰写提供支撑。冰雹素材包括冰雹形成机制、气候分布特征等，如表3.6中北京各站冰雹日统计。

表3.6　北京各站冰雹日统计表

站点	最早冰雹日 /（月－日（年））	最晚冰雹日 /（月－日（年））	最早初雷日* /（月－日（年））	最晚终雷日* /（月－日（年））
观象台	3-29（2002）	10-14（2011）	3-29（2002）	11-09（2004）
朝阳	4-16（1952，1956）	10-01（1959）	3-29（2002）	11-09（2004）
海淀	3-07（1960）	10-01（1983）	3-30（1990）	11-10（2009）
丰台	4-15（1959）	10-09（1959）	3-29（2002）	11-10（2009）
石景山	4-22（1982）	11-09（2009）	3-30（1990）	11-10（2009）
门头沟	5-15（1971）	11-09（2009）	3-30（1990）	11-10（2009）
斋堂	4-09（1981）	11-09（2009）	3-12（2013）	11-10（2009）
房山	4-16（1965）	10-05（2000）	3-22（2008）	11-09（2004）
霞云岭	3-29（2002）	11-08（1968）	3-12（2013）	11-09（2004）
通州	4-14（1972）	10-01（1959）	3-29（2002）	11-09（2004）
顺义	4-19（2012）	10-28（1963）	3-20（1960）	11-10（2009）
大兴	4-21（1959）	9-25（2015）	3-22（2008）	11-09（2004）
昌平	4-27（1978）	10-16（1959）	3-28（2002）	11-09（2004）
平谷	4-19（1986）	10-19（1974）	3-13（2002）	11-09（2004，2009）
怀柔	3-09（2020）	10-15（1966）	3-29（2007）	11-09（2004，2009）
汤河口	3-25（1986）	9-29（1983）	3-22（2008）	10-23（1978）
密云	4-14（1972）	10-27（1966）	3-15（1982）	11-20（1971）
上甸子	3-09（1952，1956）	10-22（1992）	4-05（2010）	11-03（2013）
延庆	3-08（1960）	9-23（1991）	3-12（2013）	11-05（1975）
佛爷顶	4-13（1998）	10-30（1985）	3-27（1986）	11-03（2013）

　*观象台初雷和终雷观测时间为1951—2013年，2013年后所有站不再有人工雷电观测。常年（1991—2013年）平均初雷日为4月28日。其他大部分站1959年以后，个别站1974年以后才有观测记录。
　表中红色数据表示全市最早和最晚冰雹日、最早初雷日、最晚终雷日。

（2）第二阶段：预报预测

①趋势预测：冰雹确定性预报难度极大，需要在短期预报时效内结合数值预报、本地密集的中尺度观测网资料，尽可能做出冰雹趋势预报，并对伴随的短时风力、雨强做出预判。

②过程预报：针对可能出现的冰雹天气，及时发布决策材料，详细描述冰雹起止时间、落区，重点提示降雹可能性更大的一些区域，为防灾减灾提供更有针对性的防御。

（3）第三阶段：风险提示

气象预警信号发布：按照北京预警信号发布业务标准，依据冰雹气象灾害可能造成的危害程度和紧急程度及时发布冰雹预警信号，并指导各区发布分区冰雹预警信号。根据风险发展情况，及时联动人影中心开展防雹作业。

（4）第四阶段：临灾预警

①"叫应"联动：冰雹预报的提前量很小，需要提前把可能出现的风险告知应急部门。气象服务过程中，需要密切关注上游地区强对流发生情况，是否出现冰雹。紧盯回波移动方向和发展趋势，结合本地条件提前开展"叫应"。

②冰雹天气跟踪：上游或者本地已出现冰雹时，根据各区上报情况，及时对降雹地点和尺寸进行记录，并及时向各有关部门反馈冰雹实况和趋势预报。

（5）第五阶段：复盘总结

①预报检验：从主观和客观的角度对本次过程的预报情况进行评估，包括冰雹预警提前量、落区预报、冰雹大小等。

②服务总结：综合分析本次过程气象服务情况，包括冰雹实况及特点、灾情、成因解读、预报检验、服务情况、经验与不足，探索改进措施。可以作为决策服务材料让决策者对重大过程有一个客观了解，并做好过程的存档。

3.3.2.2　冰雹服务关注点

①随时关注雷达回波反射率因子强度、特征以及降雨云团的垂直结构。产生冰雹天气的雷达回波强度一般在 50 dBZ 以上，强回波伸展高度在 6 km 以上。尤其关注出现直径大于 2 cm 大冰雹的环境条件和高悬强回波的高度（-20℃等温线对应高度之上强反射率因子一般大于 50 dBZ）。

②冰雹天气具有突发性、局地性、持续时间短的特点。除冰雹本身致灾外，产生冰雹的强对流系统往往同时产生强雷电、雷暴大风和短时强降水，这些因素进一步加重了冰雹过程的灾害程度，对冰雹以及产生冰雹的强对流系统的预报目前仍是气象预报中的难点，因此，需要关注大气环境的条件。

③关注冰雹预报着眼点：一是冰雹的发生必须有合适的 0℃层和 -20℃层高度，该期间 0℃层在 3200～4300 m 时可发生冰雹；-20℃层在 6200～7400 m 时可发生冰雹（根据夏季冰雹统计，当 0℃层在 4000 m 左右，平均高度 4200 m 最有利于冰雹发生，-20℃层的高度在 7000 m 左右，平均高度在 7200 m 最有利于冰雹的发生）。

二是逆温对于能量的积聚有一定作用，虽然不是充分条件，但逆温的存在对于冰雹发生有一定作用，当逆温破坏后，会有较大的能量释放，有利于冰雹发生。

三是风切变，冰雹的发生一般有较大的垂直风切变。

3.3.2.3　冰雹防御指南

冰雹是强对流的一种，一般伴随短时强降雨、大风出现，防御指南中需要综合考虑影响。常用防御指南包括：

①局地大风、冰雹和短时强降水等强对流天气，将对城市运行、农业生产等产生不利影响，请做好应对准备；相关部门需做好室外搭建物和广告牌加固、户外高空作业安全防护等工作。

②大风、冰雹天气将对城市运行、农业设施、园林树木、人身安全等造成影响，请相关部门做好防范。

3.3.3　2022 年"6·12"冰雹

2022 年 6 月 12 日，北京出现了一次剧烈的强对流天气，以冰雹、强降水为主，伴有短时大风及雷电；其中 11 个区出现冰雹，冰雹范围之广，历史罕见，最大冰雹直径超过 5 cm，局地最长持续时间约 30 min。密云区和平谷区受灾严重。此次冰雹气象灾害也是密云区 1980 年以来同期影响范围最大、持续时间最长、损失最严重的一次过程。

3.3.3.1　天气情况及灾情

"6·12"冰雹天气突发性强、局地性强、持续时间长（整个过程持续时间超过 14 h）。延庆、怀柔、密云、平谷、顺义、昌平、通州、朝阳、大兴、丰台、房山等 11 个区局地出现冰雹，最大冰雹直径超过 5 cm（出现在顺义龙湾屯、延庆香营、朝阳小红门），大冰雹范围之广历史少见。密云本站冰雹持续 30 min，最大冰雹直径 2.5 cm。

北京还出现了明显的降雨，降雨量分布极不均匀，东部局地达暴雨，甚至大暴雨，西部大部分地区降雨量小于 1 mm（图 3.30a）。根据自动站统计，6 月 12 日 14 时至 13 日 04 时，全市平均降雨量 18.7 mm，最大降雨出现在通州通顺马场，为 139.9 mm，最大小时雨强为 86.0 mm（12 日 21—22 时；通州蓝湖庄园）；全市 56 个观测站（占全市 9.8%）降雨量超过 50 mm，7 个观测站（占全市 1.2%）降雨量超过 100 mm。此外，密云、平谷和通州的 22 个自动气象站观测到 8 级及以上的雷暴大风（图 3.30b），最大阵风出现在通州南马庄，为 22.6 m/s（9 级）。

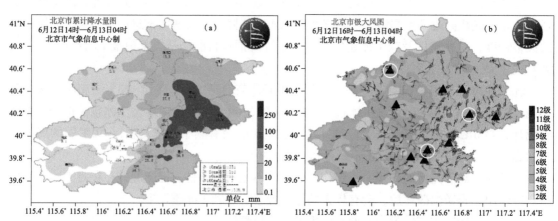

图 3.30　2022 年 6 月 12 日北京地区降雨量（a）和短时大风（b）分布图
（图中黑色三角指示冰雹，白色圆圈指示大冰雹）

北京市应急局统计显示，多区出现不同程度的灾情，其中超级单体造成的强对流天气导致北京东北部的密云区和平谷区受灾严重。两区受灾总人数 79693 人，转移人员 130 人；房屋受损约 9030 间，大都为屋顶瓦片、保温外墙、门窗玻璃受损；车辆受损 8332 辆，主要是车窗玻璃被砸破或车身受损；农业受灾面积约 8457.76 hm²，主要为农作物倒伏，蔬菜大棚和桃园受损（图 3.31）。直接经济损失约 4.35 亿元。

图 3.31　2022 年 6 月 12 日密云区冰雹大小（a），以及受损的汽车（b）和桃园（c）

3.3.3.2　天气成因分析

2022 年 6 月 12 日 08 时 500 hPa 高空图上存在冷涡，对应的低槽位于内蒙古中部至山西、河北交界处，北京处于槽前，有冷平流（图 3.32a），低槽于 12 日傍晚前后过境，为此次强对流天气提供了有利的动力条件。850 hPa 以下较强的西南气流向北京地区输送充沛的水汽，14 时 850 hPa 以下接近饱和（图 3.32b），850 hPa 比湿达 10g/kg。

从 12 日 14 时北京观象台的探空图（图 3.32b）可以看出，500 hPa 和 850 hPa 温度（温度露点差）分别为 -14℃和 13℃（28℃和 1℃），高低空温差达 27℃，CAPE 达 2454 J/kg。高空冷平流和低层暖平流导致本站层结很不稳定，具有很强的深层垂直风切变，0～6 km 垂直风切变约 20 m/s，非常有利于对流的高度组织化发展。0℃和 -20℃高度分别为 3493 m 和 6559 m，有利于大冰雹的产生，同时大气层结呈现上干下湿的特征，有利于形成雷暴大风。环境场分析表明，12 日北京形成了高层干冷、低层暖湿的前倾天气形势，高低空系统、水汽和能量配合佳，十分利于强对流发生、发展。

6 月 12 日中午开始河北西北部不断有对流新生发展，逐渐组织成一条东北 - 西南向飑线，中心强度达 65 dBZ（图 3.33a），向东南方向移动，在延庆香营降大冰雹。17:10 怀柔局地出现新生对流，很快发展成超级单体风暴，强度超过 65 dBZ（图 3.33b），与移来的飑线合并，向偏东方向移动，该超级单体在怀柔、密云、平谷、顺义产生大冰雹和 7～8 级短时大风（图 3.33b～e）。同时河北西北部又有对流回波新生、合并，发展成第二条飑线，18:20 进入北京，在北部地区降雹（图 3.33d）。在第二条飑线前部不断有对流生成，发展成第二个超级单体（图 3.33e），与第二条飑线合并，向东南方向移动，在顺义、朝阳、通州产生大冰雹和 7～8 级短时大风（图 3.33e～g）。20:41 上述两条飑线合并，飑线与房山边缘的对流风暴之间不断有对流触发，逐渐将二者连接起来，飑线向东南方向移动，在丰台、朝阳、大兴、通州一带降雹（图 3.33f～h）。

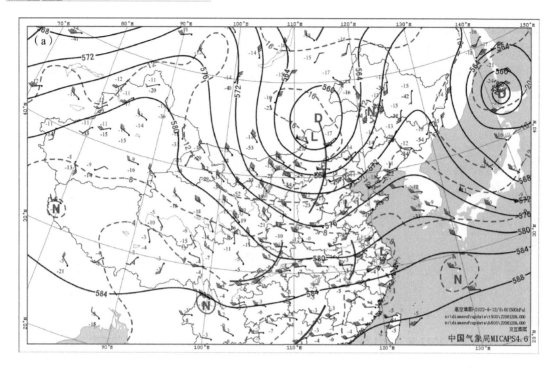

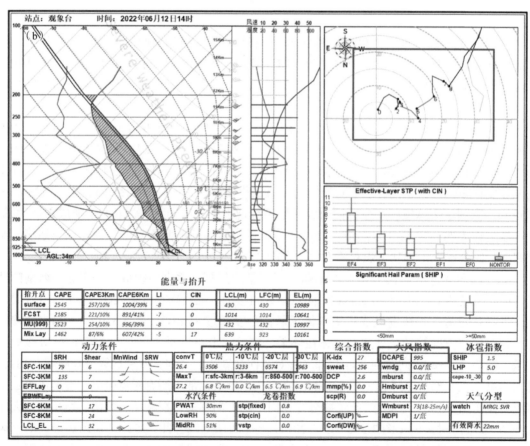

图 3.32　2022 年 6 月 12 日 08 时 500 hPa 高空图（a）和 14 时北京观象台探空图（b）

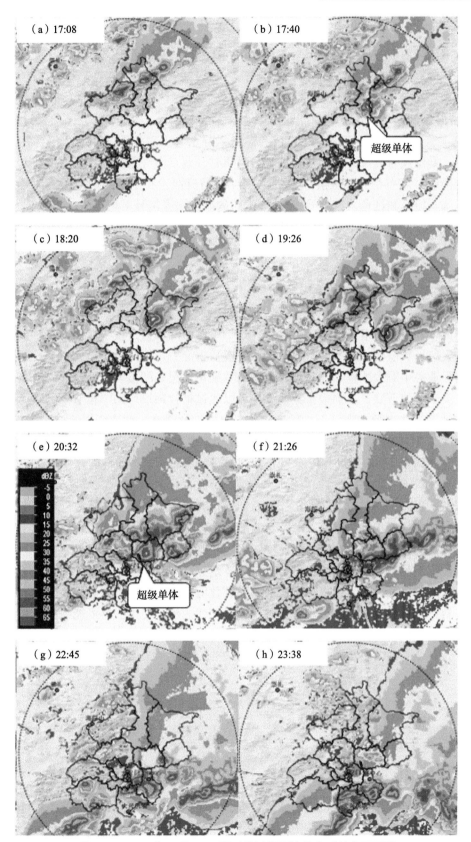

图 3.33　2022 年 6 月 12 日强对流过程雷达组合反射率因子图

3.3.3.3 气象服务回顾

针对本次强对流过程,北京市气象局启动四级响应;提前召开新闻通气会、发布新闻通稿,广泛发布预报预警提示。北京市气象台于 6 月 9 日发布首期《重要天气报告》,10—12 日每日更新发布,持续提示"12 日下午到夜间有 7、8 级雷暴大风和冰雹等强对流天气",并在 11 日召开新闻通气会、发布新闻通稿等。6 月 12 日当天,北京市气象台于 13:30 发布了雷电黄色预警信号,提示有冰雹、大风和短时强降水等强对流天气,后续指导各区发布冰雹、大风、暴雨预警信号;雷暴影响城区和通州时,北京市气象台发布了冰雹和大风预警信号。市区两级共发布相关预警信号 58 期(其中平谷升级发布了暴雨橙色预警信号,通州升级发布了暴雨橙色和红色预警信号),各区发布的冰雹预警信号平均提前时间为 53 分钟。

6 月 12 日,北京市各防汛单位严阵以待、精准施策,应对入汛后的最强对流过程,这得益于准备充分、实时滚动更新的预报预警服务。

3.3.3.4 小结与讨论

高空冷涡是北京地区产生风雹类强对流天气的典型系统,预报员一般能够提前 3 d 以上给出雷雨天气和强对流潜势预报,不足之处在于单点的降水量预报明显偏小。对于这种极端强对流的天气,数值模式在短期时段内具有一定预报能力,但对极端天气的中长期预报能力不足,实际业务中对大冰雹、强降水和大风的精细化预报难度很大。面对这一问题,目前考虑防灾减灾工作的需要,在预报服务业务中可以通过集合预报产品、相似个例对比、整层可降水量估计等方法进行主观订正,尽可能预报出极端性降水。此次强对流过程降雹范围广,冰雹尺寸大,北京市气象台 12 日 13 时 30 分发布雷电黄色预警信号具体内容包含了短时大风、冰雹和短时强降水。20 时 40 分发布大风黄色预警信号,21 时 05 分发布冰雹黄色预警信号。由于冰雹天气具有突发性,持续时间短的特点,总体来说,虽然较一般强对流过程预报提前量有所提高,但对应急防范工作留有的准备时间仍不够充分。冰雹是小概率事件,局地性很强,即使预报正确、预警及时,也只能一定程度减小损失,如何将灾害性预警信号与农业相结合,真正做到有效预防,避免损失,还需要进行深入的探索。

强对流天气具有突发性,局地性,其定时、定点、定量预报一直是天气预报的难点,在强对流天气形势不明显时,预报员除参考中尺度数值模式外,还需要利用高分辨率中尺度气象探测资料,分析本地热力、水汽条件及垂直风切变的动态变化,尽可能提高强对流临近预报水平,并及时发布各类强对流天气预警信号。

3.4 大 风

大风会对高层建筑、电力设施、交通运输、农业生产产生不利影响,能损坏房屋、刮倒电力通信设施、影响航运、使农作物倒伏、破坏蔬菜大棚、损坏林木和临时搭建物等。

3.4.1 大风天气特征

大风可以分为冷空气影响（定义为冷空气大风）和强对流天气（雷暴大风）发生时出现的大风。冷空气大风通常由北方或西北方冷空气入侵带来，造成大范围大风天气，是天气尺度系统导致的。雷暴大风是强对流天气导致的，常出现在强风暴或与飑线强锋面有关的带状对流中，是气流下沉形成辐散性的阵风，属于中小尺度系统。

3.4.1.1 冷空气大风

北京地区冷空气大风（这里统计极大风≥6级且由冷空气所导致的大风）多发生在每年的 11 月至次年 4 月。大部分大风持续天数为 1～2 d，约 28% 的比例存在 3 d 以上的大风。春季是冷空气大风频发季节，其中 4 月份是大风发生日数最多的月份，也是发生持续 3 d 以上大风最多的月份。其次是 3 月份，11 月相应比例最低。

分析北京地区极大风分布以及总体日变化可以得出，中午 11—14 时是风速最大时段，夜间的风速明显小于白天，入夜到凌晨风速逐渐减小，其中 02—05 时风速是最小的时段。高海拔地区受高空自由大气的大风速影响，夜间边界层附近湍流相对较弱、摩擦力减小等原因风速相对较大。平原地区白天高低空温差大，在白天受到湍流影响更多，高空大风速通过高低层动量交换影响近地面的风速，所以白天阵风较大。中心城区受到密集的建筑影响，风速相对较小。北京极大风的大值区出现的区域有 3 个：一是北京西部与河北交界的高海拔山区，二是毗邻平原的西部山区，三是平原东南部开阔的平原即通州和大兴一带。其中全市极大风速最大值位于西部的高海拔山区，东北部则是极大风速最小的区域。

3.4.1.2 雷暴大风

引起北京地区雷暴大风的对流系统是多样的。超级单体、弓形回波、飑线、阵风锋、脉冲风暴均能导致雷暴大风。根据统计，2010—2019 年北京地区共有 146 个雷暴大风日（≥8级），平均每年出现 14 个左右。北京地区雷暴大风具有明显的季节性（图 3.34a），一般出现在 5—9 月，其中 6 月、7 月出现次数最多。雷暴大风具有一定的日变化特征，一般多出现在午后到傍晚（13—21 时），尤其以 16—18 时居多（图 3.34b）。北京地区雷暴大风具有一定的地形地域分布特征，山区比平原多，除去几个高山站外（佛爷顶、斋堂、灵山、千灵山），西部的延庆、昌平、门头沟、海淀和东北部的平谷都是雷暴大风多发的区域，此外，位于东部平原地区的通州和朝阳北部也属于城区中雷暴大风发生较多的地区（图 3.34c）。

3.4.2 递进式服务要点

3.4.2.1 递进式服务流程

按照气象灾害演进及其防范应对进程顺序，大风递进式气象服务分为"前期筹备、预报预测、风险提示、临灾预警、复盘总结"五个阶段，每个阶段需要开展的工作如图 3.35 所示。

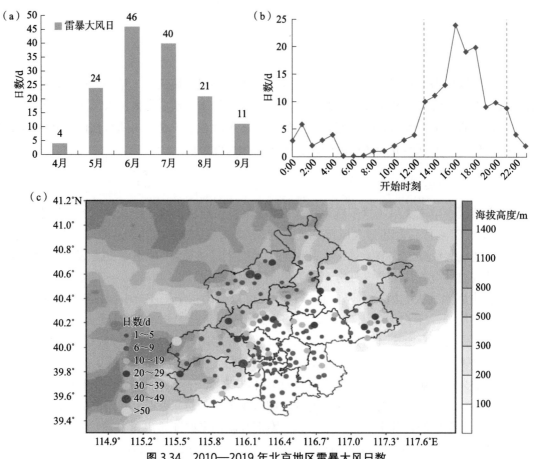

图 3.34　2010—2019 年北京地区雷暴大风日数
（a. 月变化；b. 日变化；c. 区域分布）

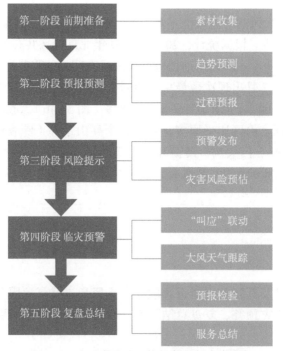

图 3.35　大风递进式决策气象服务工作流程

（1）第一阶段：前期准备

大风天气的前期准备工作主要是大风决策气象服务过程中涉及的相关素材收集和整理。大风天气包括系统性大风和雷暴大风两类，主要了解此次大风过程中极大风、持续时间、影响范围等；同时查询各站极大风值、大风日数、连续大风情况，预估此次大风是否在风力和持续时间方面有极端情况，做到心中有数。

（2）第二阶段：预报预测

①趋势预测：预计未来 3～7 d，本地可能受到大风影响时，通过未来一周预报、未来三天气象服务专报等常规气象服务产品，大致描述大风过程及其影响。

②过程预报：对于即将出现的大风天气，提前 1～2 d 发布决策服务材料，为所有委办局等决策服务用户提供参考，明确大风起止时间、强度、可能造成的影响。

（3）第三阶段：风险提示

①预警发布：按照北京预警信号发布业务标准，依据大风气象灾害可能造成的危害程度和发展态势及时发布大风预警信号，并指导各区发布分区大风预警信号。

②灾害风险预估：预计未来可能出现大风天气时，及时提供针对性的精细化的灾害风险预估和提示服务，主要为园林绿化部门、森林防火部门和建委等部门提供工作部署参考，以应对树木倒伏、森林火灾、建筑工地高空作业等风险。

（4）第四阶段：临灾预警

①"叫应"联动：秋冬春季节，空气干燥，大风时容易引发森林火灾；因此，需要及时启动北京市气象局、北京市森防办和北京市园林绿化局三方会商机制，提前通报大风天气情况，适时联合市森防办升级发布森林火险预警。如遇突发火灾等情况，针对事故关键点位及时提供气温、湿度、风向、风速等关键气象要素，为寻找森林灭火"窗口期"和灭火工作提供支持。

②大风实况跟踪：关注北京周边上游地区大风实况，及时发布大风实况图、大风情况统计、短临预报等信息，让决策部门及时了解具体影响范围和强度。

（5）第五阶段：复盘总结

①预报检验：从主观和客观的角度对大风过程的预报情况进行评估，包括大风预警提前量、量级预报情况、大风等级等。

②服务总结：综合分析本次过程气象服务情况，包括大风实况及特点、灾情、成因解读、预报检验、服务情况、经验与不足，探索改进措施。可以作为决策服务材料让决策者对重大过程有一个客观了解，并做好过程的存档。

3.4.2.2　大风服务关注点

（1）系统性大风可预报性更高一些，系统性大风的预报需要关注气压梯度分布情况，一般北京与呼和浩特之间地面气压差值达到 10 hPa 时，可产生的风力可以达到 4 级左右（或者二者换算，2.5 hPa 一级）。系统性大风多出现在冬、春季节，在大风影响同时关注是否伴随有沙尘、降温等影响。

（2）夏季强对流引起的大风可预报性较小，需要关注对流强度，以及强对流过程是否伴有阵风锋等的变化。

（3）森林防火季对风力极为敏感：每年 11 月 1 日至次年 5 月 31 日为北京地区森林防火关键期，由于该时段内少雨多风，空气干燥，西部和北部山区为森林火险高发区，在大风天气过程预报服务时，须及时根据天气情况，及时提醒做好防风防火，并与森林防火部门及时会商，提醒升级森林火险等级。

（4）关注大风对重大活动的影响：如对焰火燃放，焰火燃放时风力在 3～4 级最为适宜，风力大于 6 级时存在安全隐患，应停止燃放，而风力太小甚至静风，焰火燃放所产生的污染物无法及时扩散，影响观赏效果。

（5）关注雷暴大风预报着眼点。

一是首先从天气形势和影响系统，结合实况资料和模式预报判断是否有出现雷暴大风天气的可能。关注当北京低空处于暖区控制，特别是低层有暖湿气流输送时，中高层是否有干冷空气侵入，或中高层有冷温度槽维持。

二是根据产生强对流的条件，即不稳定能量条件、水汽条件和抬升条件判断是否会产生雷暴大风。热力不稳定指标，如 K 指数、SI 指数、θ_{se} 分布、CAPE、DCAPE、CIN 等；动力不稳定指标，如低空垂直风切变；水汽条件，如水汽垂直分布、水平输送与辐合等；关注是否有触发强对流天气的机制，包括高空槽、低涡、急流、锋面、干线、低层辐合线以及近地面局地增温、城市热岛或地形作用形成水平温度梯度、地形强迫抬升转东南风、局地辐合生成等。

三是出现雷暴大风时，大气层结垂直结构有一个明显的特征，即对流层中层存在一个相对干的气层，对流层中下层的环境温度直减率较大，且越接近于干绝热直减率越有利。

四是雷暴大风一般发生在较大的垂直风切变、强烈的热力不稳定发展（如 CAPE 随时间增长，较大的 DCAPE 背景、高空冷平流或低空暖平流强烈等）、水汽最好集中在边界层内（上干冷、下暖湿结构）。

五是雷暴大风临近预报中主要关注是否有中气旋、弓形回波、阵风锋和强中层辐合等，当雷暴在距离雷达 70 km 以内时，除了弓形回波、中层径向辐合和中气旋，主要看低空是否有径向速度超过 20 m/s 的大值区存在，反射率因子核心高度迅速下降，伴随 VIL 值迅速下降。

3.4.2.3 大风防御指南

大风的发生往往伴随着降温或沙尘或降雨等，因此，防御指南更多地结合其他天气现象综合展开。

①××日至××日有大风天气，建议相关部门加强对户外搭建物、广告牌匾、灯箱等设施的巡查及加固，及时清理折损树枝和倒伏树木，做好高空作业安全防护。

②大风天气天干物燥，森林火险气象等级较高，建议相关部门加强林区巡查和火源管理，做好野外用火的管控工作。市民严禁野外用火，以免发生森林火灾。

③气温大幅下降，相关部门做好能源调度和供应保障工作。气温起伏大，需及时提醒公众防风保暖，谨防感冒、呼吸道和心脑血管疾病的发生。

④老人、儿童和患有呼吸道过敏性疾病人员尽量减少外出，出门戴好口罩，做好防护，以免沙尘对眼睛和呼吸道造成伤害。

3.4.3　2020 年"8·2"雷暴大风

2020 年"8·2"雷暴大风是由低涡系统诱发的孤立超级单体造成的，超级单体云砧中闪电穿梭，十分壮观。产生强对流天气的超级单体发展移动速度快，局地性、突发性、极端性强。超级雷暴单体从延庆初生，经昌平下山后向东南方向发展，给北京平原地区带来了明显的雷暴大风，并伴有短时强降雨和冰雹。其中昌平站、汤河口站、上甸子站极大风速破本站历史极值。

3.4.3.1　天气实况及极端性

2020 年 8 月 2 日傍晚，受东移的低涡系统影响，北京受一个孤立的超级单体影响，局地出现了强雷暴大风强对流天气（图 3.36）。8 月 2 日 18—22 时，全市 133 个站极大风速大于 10.8 m/s（6 级），延庆、怀柔、密云、昌平、海淀、朝阳、顺义、通州等局地（共 69 个站，占总站数 15.6%）出现 7 级以上大风。全市有 20 个站（占总站数 4.5%）观测到极大风速 9 级以上，朝阳和通州有 6 个站点瞬时风速超过 30 m/s（11 级）。

国家级站中昌平站、汤河口站、上甸子站极大风速破本站历史极值，其中最大为昌平站，极大风速为 29.4 m/s（11 级）在国家站中历史排位第一（图 3.37）。

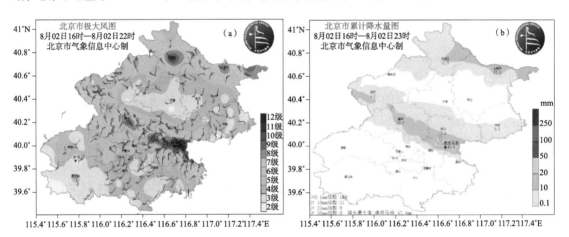

图 3.36　2020 年 8 月 2 日极大风分布（a）和降水分布（b）以及超级单体照片（c）

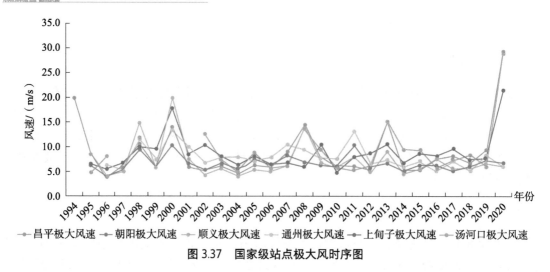

图 3.37　国家级站点极大风时序图

区域站中最大值出现在通州区的通顺马场，达 37.1 m/s（13 级），为该站建站以来历史最大，在平原地区自动站记录中也属罕见。所以，此次雷暴大风具有较强极端性。

另外，平原和山区的北部出现了雷阵雨，全市平均降雨 2.4 mm；最大降雨量出现在通顺马场 42.4 mm，最大小时雨强为通州吴各庄 35.2 mm/h（20—21 时）。延庆、密云、怀柔、昌平、顺义出现冰雹，最大直径 2 cm。

3.4.3.2　天气成因分析

影响雷暴大风的主要物理过程和环境条件与风暴内部结构息息相关，环境条件主要包括中高层干侵入导致的负浮力、中高层大风速的动量下传、风暴系统的结构，如雷暴高压导致的冷池密度流、雷暴结构中的小尺度涡旋发生等会加速雷暴大风风速。

此次过程从高空形势可以看出（图 3.38a），8 月 2 日北京位于冷涡底部，高空有干冷空气入侵，低层存在边界层辐合线。从探空分析看出（图 3.38b），当天 14 时的对流有效位能大于 2000 J/kg，能量很可观，显著的下沉对流有效位能 DCAPE 大于 1000 J/kg；且存在上下喇叭口形态，并有浅薄湿层；0～6 km 强垂直风切变；高空干平流达 20 m/s 以上；融化层在 4 km 左右；环境场十分有利于北京地区的强对流的触发和加强发展，并容易出现飑线等造成强风和冰雹天气的强对流系统。

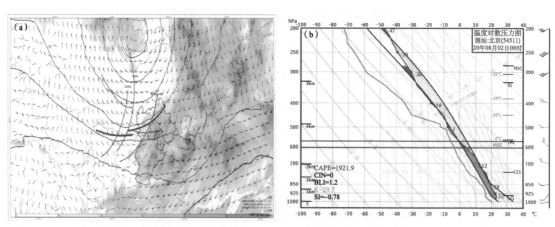

图 3.38　2020 年 8 月 2 日 14 时 500 hPa 高度场和 850 hPa 风场与相对湿度（a）及 08 时订正的 14 时探空（b）

本次过程符合上述提及的形成极端雷暴大风的条件。一是中高层干空气、有高空急流带（500 hPa：20～24 m/s）影响北京，有利于降水蒸发加强负浮力和高空大风速动量下传至地面附近，再分析场可见大风速区随高度下降（图 3.39a）。二是系统移动速度快，叠加雷暴冷池出流，边界层的强冷池，扰动温度 −3℃左右，造成大风紧贴雷暴，对阵风的维持有重要作用（图 3.39b）。三是中小尺度上存在快速下降的大风核或 γ 中尺度涡旋。从雷达反射率因子和速度图可以看出（图 3.39c），500 m 高度上的大风速达 34 m/s，且有快速下降趋势，在 3.4° 仰角旋转速度达 27 m/s 左右。是典型的下击暴流形式，在 20:54 最大径向速度 24 m/s（高度 300 m），但最大速度不在雷达径向，较难估计地面更精确的风速大小。综上所述，极端的大风是风暴形成后的快速下降的大风核或 γ 中尺度涡旋直接导致的。

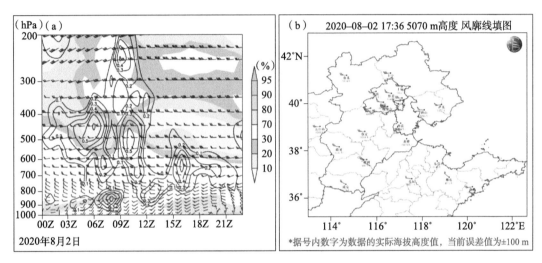

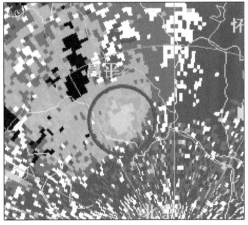

图 3.39　2020 年 8 月 2 日 ERA5 逐小时诊断 UV+ 垂直速度时间剖面图（a）、微波辐射计反演结果（b）和 3.4° 仰角雷达径向速度（c）

3.4.3.3　气象服务回顾

预报服务方面，7 月 30 日至 8 月 1 日，北京市气象台连续发布 4 期《天气情况》，提示"7 月 31 日至 8 月 2 日本市多雷阵雨天气，局地伴有短时强降水和风雹"。8 月 2 日早晨更新预报为"2 日午后至前半夜有雷阵雨，小到中雨量级，局地 40～60 mm，伴有 7 级以上短时大风、局地冰雹和局地短时强降水，特点为局地对流强、雨量分布不均和移速快等特点。主要影响时段为 14—20 时"，16 时继续发布《天气情况》，预报"2 日傍晚到 21 时前后本市将出现分散性雷阵雨天气，局地伴有 7 级左右短时大风"，并提示"需注意防范短时强降雨、大风等强对流天气对户外人员安全、交通运输等的不利影响"。8 月 2 日 20 时 25 分，市气象台发布大风和冰雹短时临近灾害落区预报。8 月 2 日 09：30—22：00，通过视频连线向市应急局汇报天气 7 次，强调和提示："需要关注短时大风天气，本市将出现 7 级以上短时大风，部分地区有冰雹，需要防范大风和冰雹天气带来的危害和不利影响"。

预警方面，针对此次对流天气，8 月 2 日 16：17 怀柔区气象台率先发布雷电蓝色预警信号，提示局地短时雨强较大，并伴有短时大风；18：40 发布大风黄色预警信号，提示怀柔区北部将出现 8 级以上大风，阵风可达 9 级以上。随着对流云团发展东移，密云、昌平、朝阳、西城、东城、顺义、通州等区气象台相继发布大风蓝色或黄色预警信号。20：59 通州区气象台发布暴雨蓝色预警信号。至 22 时，北京市气象台指导各区气象台共发布雷电蓝色和黄色预警信号 9 期，大风蓝色和黄色预警信号 8 期，暴雨预警信号 1 期。

3.4.3.4 小结与思考

（1）此次强对流天气特点

一是此次强对流天气局地性强、突发性强，大风极端性突出，现有技术条件下，预报员对此类天气的主观预报预警能力仍有欠缺。

二是模式预报能力仍有待提高，模式对局地性、突发性、极端性的天气预报预警提前量有待于提升。

三是此次大风的极值达到台风（32.7～41.4 m/s）级别，出现在陆地上较为罕见，超出了预报员的科学认知范围，这在短期内预测几乎是不可能的。由于此次超级单体历时时间较长、特征鲜明，更充分分析风暴发生初期的环境场条件将对超级单体的移动、维持时间和强度的短临预报提供决定性参考。

（2）对于决策服务方面

一是提前发布、跟踪服务及时，提前 3 d 以《天气情况》形式提示 2 日有明显天气，并且随后以一天一期，当天两期的频率不断更新、递进天气情况。

二是预报结论调整及时、描述较准确。准确地把握预报的调整情况和重点，较精确的文字描述及时反映了预报的调整情况。如对于强天气性质，从开始的中雨、局地暴雨调整到最后的分散雷阵雨，雨量分布不均，区域性调整到局地强对流。灾害天气的顺序把短时大风提到强降水前面，强调大风将是此次过程的主要影响天气。

今后对强对流天气的描述需要更突出天气特点及主要灾害影响。在日常交流中常常是重要事情说三遍，但服务材料不可能做到重复，虽然我们对材料中的文字描述调整及时，但可能存在"作者有心，阅者无意"，决策者把重要内容忽略掉。以何种方式在文字材料加以突出灾害性天气特征，需要进一步思考和改进。

3.5　高　温

3.5.1　高温天气特征

气象上,以日最高气温≥35℃称为高温日。随着全球气候变暖以及城市化进程的加快,极端高温或持续性高温天气出现的频率增加,给人类的身体健康、社会经济发展带来很大的危害和负面影响,也是决策气象服务关注的重点天气。高温天气不仅会使城市供水供电量增加,还会对交通运输、农业生产和人体健康等造成很大危害,是夏季的高影响天气之一。

3.5.1.1　高温空间分布

从高温日数空间分布来看(图3.40a),北京地区年平均高温日数的高值区主要位于城区及昌平、大兴等近郊区,在10～14 d,而西北部的延庆、西南部的霞云岭高温日数相对较少,不足3 d。从最高气温极值分布看(图3.40b)。平原地区年极端最高气温可达40℃左右,其他地区在39℃左右,平原地区相对比西部和北部山区气温更高。从表3.7可以看出,北京市国家级气象站最高气温极值达43.5℃(1961年6月10日),出现在房山站。

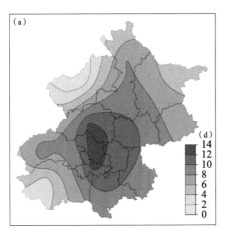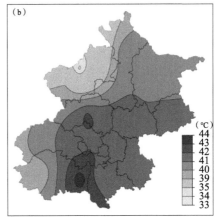

图 3.40　北京地区年平均高温日数(a)最高气温极值的空间分布(b)

表 3.7　北京 20 个国家级气象站建站以来至 2023 年极端最高气温

测站	历史极值 /℃	出现时间	测站	历史极值 /℃	出现时间
朝阳	41.6	1961-06-10	海淀	41.7	1999-07-24
丰台	42.2	1999-07-24	石景山	41.9	2014-05-29

测站	历史极值/℃	出现时间	测站	历史极值/℃	出现时间
门头沟	41.8	1999-07-24	房山	43.5	1961-06-10
通州	41.9	1999-07-24	顺义	42.0	1999-07-24
大兴	41.4	1999-07-24	昌平	42.2	2014-05-29
平谷	41.3	1999-07-24	怀柔	41.8	2023-06-22
密云	40.8	2010-07-05	延庆	39.2	2009-06-24
观象台	41.9	1999-07-24	斋堂	41.3	2023-07-01
霞云岭	39.3	1961-06-10	汤河口	41.8	2023-06-22
上甸子	40.6	2023-06-22	佛爷顶	34.4	2023-06-22

3.5.1.2 高温时间分布

以北京地区代表站观象台为例，年平均高温日数 10.6 d，最多为 34 d（2023 年）。自 1951 年建站以来在 1961—1965 年、1997—2001 年和 2017—2020 年处于偏多阶段（图 3.41）。从月分布来看（图略），高温天气集中在 5—9 月，其中 7 月份高温日数最多，占比约 45%，6 月次之，占比 37%，5 月和 9 月共 7%。北京地区年极端高温一般出现在 6 月中旬至 7 月上旬。高温天气通常有很强的持续性，持续时间最长为 9 d，出现在 1999 年 6 月 24 日至 7 月 2 日。

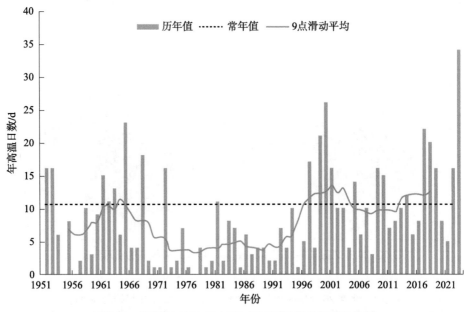

图 3.41　观象台 1951 至 2023 年高温日数的年变化特征

1971—2023 年，北京观象台站每年首个高温日出现的平均时间约为 6 月 11 日，最早为 5 月 7 日（1986 年），最晚为 7 月 25 日（1991 年）。近年来首个高温日出现的时间整体上呈现提前的趋势（图 3.42）。近 50 年来，北京观象台极端最高气温的平均值为 37.6℃，极端最高气温的极大值为 41.9℃（1999 年 7 月 24 日）。从每年最高气温极值趋势来看（图 3.43），北京观象台年最高气温极值每 10 年增长约 0.6℃。

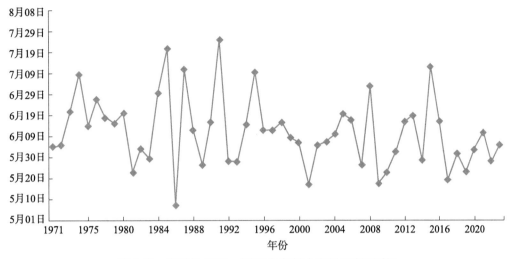

图 3.42　观象台 1971—2023 每年首个高温日出现时间
（注：因 1977 年未出现高温，未列入本图统计）

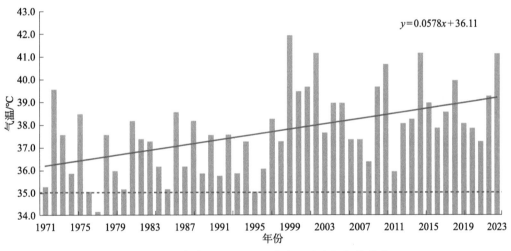

图 3.43　观象台 1971—2023 每年最高气温极值分布

3.5.2　递进式服务要点

3.5.2.1　递进式服务流程

在全球气候变暖的背景下，北京地区的极端高温事件呈现增长趋势。按照气象灾害演进及其防范应对进程顺序，高温递进式气象服务分为"前期准备、预报预测、风险提示、临灾预警、复盘总结"五个阶段。由于高温的预报预警提前量远高于强对流天气，一般在高温天气发生前组织会商联动，启动天气通报的"叫应"机制。递进式服务每个阶段需要开展的工作如图 3.44 所示。

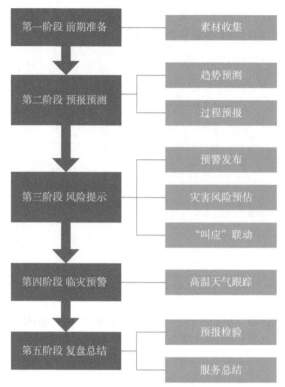

图 3.44 高温递进式决策气象服务工作流程

（1）第一阶段：前期准备

高温天气的准备工作主要是决策气象服务过程中涉及的相关素材收集和整理，为高温过程的天气会商、决策服务材料撰写和公众科普解读提供支撑。一是高温成因分析，包括产生高温天气的气候背景、环流形势和城市热岛效应等。二是高温观测历史资料、典型高温天气过程个例和极端性分析（最早高温日、极端高温值和连续高温日数）等资料的收集，为判定高温天气的发展趋势和程度提供依据，如表 3.8 北京代表站观象台出现的 40℃ 及以上的极端高温情况。三是对高温风险评估，包括高温持续时间、前期降水情况等，为应对高温天气导致的中暑、火灾、干旱和水资源短缺等提供参考。

表 3.8　北京观象台（1951—2023 年）极端高温排序

极端最高气温（℃）	出现日期
41.9	1999-07-24
41.1	2023-06-22
41.1	2014-05-29
41.1	2002-07-14
40.6	1961-06-10

（2）第二阶段：预报预测

①趋势预测：高温预报预测时，首先需要了解常年同期的气温基本情况，了解历史高温

情况和趋势，并关注当年的气候预测情况，对高温可能的发展趋势有大致的判断；随着天气预报技术的发展，对于气温中长期的预报趋势可信度逐步提高，因此预报人员在中长期预报时效内应加强对于持续性的高温天气过程的分析和研判，并在会商时及时为政府决策部门提供有效信息参考。

②过程预报：针对高温天气影响，提前 2~3 d 发布决策材料，详细描述高温天气峰值气温、持续时间、影响范围等开展精细化的预报和服务。除了准确的气温定量预报外，还需要综合定性分析湿度和风速等因素的影响，关注体感温度的变化情况。

（3）第三阶段：风险提示

①预警发布：按照北京预警信号发布业务标准，依据高温气象灾害可能造成的危害程度和发展态势及时发布高温预警信号，并指导各区发布分区高温预警信号。

②风险预估：预计未来可能出现持续性高温天气时，及时提供针对性的精细化的灾害风险预估和提示服务，主要服务点为高温导致的中暑等健康风险、森林火灾风险和农田干旱风险等。

如图 3.45 为 2023 年 6 月下旬高温事件可能产生的风险制作风险预估图，重点提示本次高温过程白天紫外线照射强、气温高、持续时间长。中风险主要位于东城、西城、海淀、朝阳、丰台、石景山、大兴、通州、顺义、平谷、昌平、房山东部、门头沟东部、密云南部、怀柔东南部等区域（黄色区域），发生热射病等重度中暑、火灾、交通事故、农业干旱等风险较高。其他地区为高温低风险区域（绿色区域），有发生森林火灾的气象风险。

图 3.45   2023 年 6 月 21—25 日高温风险预估图

③"叫应"联动：高温天气发生前，向应急、水务、电力、农林等部门通报高温发展情

况和风险，高温天气期间及时发布实况和后续发展的预报信息，特别是气温转折的信息。

（4）第四阶段：临灾预警

①高温天气跟踪：关注北京周边区域高温发展情况，在高温天气尤其是持续性高温天气发生时加强气温实况跟踪，高温影响关键时段如有需要视情况逐小时发布高温实况分布图表，让决策部门及时了解高温的具体影响范围和程度。特别是白天升温时段，实时为决策部门提供气温实况，升温幅度等。

②高温衍生灾害服务：高温期间城市火灾及森林火灾风险较高，遇突发火灾等情况，针对事故关键点位及时提供气温、湿度、风向、风速等关键气象要素，为抢险救灾提供气象信息支持，同时也要注意做好救灾期间气象服务，提醒消防人员可能出现的中暑等情况。

（5）第五阶段：复盘总结

①预报检验：从主观和客观的角度对高温过程的预报情况进行评估，包括高温预警提前量、量级预报情况、最高气温预报等。

②服务总结：综合分析本次过程气象服务情况，包括高温实况及特点、灾情、成因解读、预报检验、服务情况、经验与不足，探索改进措施。可以作为决策服务材料让决策者对重大过程有一个客观了解，并做好过程的存档。

3.5.2.2　高温服务关注点

①初期关注点。据高温天气一般规律，决策服务人员在气候炎热期一般多关注日最高气温、历史同期对比和极端性，大部分决策气象服务人员在高温天气初期容易忽略高温天气持续时间，初期的决策气象服务容易缺少高温持续时间及影响方面的分析。

②中期关注点。高温天气持续3～5 d后，综合考虑前期降水量、土壤墒情等因素，决策气象服务应重点关注高温天气持续时间预测、干旱形成及影响预测等。此时期是高温天气决策服务的关键时段。滚动统计并分析高温天气实况与历史气候值对比，制作有关高温天气持续时间、降水天气过程预测及影响、干旱监测及人工增雨作业情况的决策服务材料。建议相关部门做好高温气象灾害的防御并提前部署干旱灾害的防御工作。如图3.46所示，除了提供前期实况外，同时提供后续预报情况，为决策用户掌握高温的发展态势做好准备。

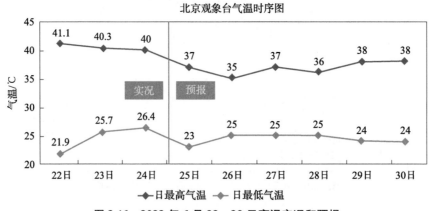

图 3.46　2023 年 6 月 22—30 日高温实况和预报

③后期关注点。长时期无有效降水,持续性高温天气后期将可能诱发严重的气象、农业、水文干旱灾害,决策部门需采取多种措施应对高温、干旱气象灾害。高温时段后期,关注重点转为防御措施及其成效、高温天气结束时间、干旱发展趋势及何时缓解等方面,决策气象服务应重点围绕部门灾害防御工作动态、干旱的滚动监测及降雨、降温天气消息等材料的组织。

④关注高温预报着眼点:一是暖气团的强度是能否出现高温天气的重要先决条件。当北京上空 850 hPa 的温度大于 20℃,暖气团中心强度大于 24℃时,北京可能会出现高温天气;当 850 hPa 的温度小于 20℃,北京基本不会出现 35℃以上高温天气。

二是太阳辐射增温作用是造成气温日变化的一个重要因素,也是高温天气所必须的条件之一。天空晴朗、日照条件好有利于地面的辐射增温,要达到这种条件,一般北京上空为西北气流,或西北偏西气流控制。

三是从天气形势上分析,北京上空处在暖高压脊前部或相对较平直的气流中;出现高温天气时对流层中下层大气层结一般都呈现干绝热状态。这种干绝热层结的形成往往在中低空伴有明显的下沉运动,下沉运动的增暖作用使低空层结表现为干绝热状态,同时下沉运动还可以使空中保持晴朗无云,有利于太阳辐射增温。

四是北京出现高温天气时,绝大多数情况下,在北京附近都有一个明显的下沉中心,即使没有下沉中心,北京也处在下沉运动区中。

3.5.2.3　高温防御指南

高温天气防御工作需要重点关注高温热浪、持续闷热或炎热天气对公众健康的不利影响;城市安全方面需要关注高温天气对供水、供电、交通、能源等城市安全运行的影响;媒体需要加强防暑降温保健知识的宣传,各相关部门落实防暑降温保障措施。常用的高温天气气象服务提示用语可包含以下内容:

①高温天气恰逢中考和端午节假期,请提前做好防暑降温;户外作业、执勤工作人员、外卖人员等尽量缩短连续工作时间,防范发生热射病等重度中暑疾病。

②持续性高温天气将会造成用电、用水量骤增,预计电力负荷峰值出现在 ×× 日,须提前做好能源科学调度和应急保障工作。

③公路道面温度将达到 50℃以上,容易导致路面损坏,车辆爆胎、自燃等交通事故。建议相关部门及时做好道路维护和交通疏导;司机应避免疲劳驾驶,加强对车辆的检查和保养。

④城市和森林火灾风险加大,特别要注意电动自行车充电引发的火灾风险,车内气温高,请勿放置打火机等易燃易爆物品。

⑤高温天气将加剧农田水分蒸发蒸腾,需合理调配水源,确保农田灌溉用水;园区需做好植物的防护工作。

3.5.3　2023 年 6 月 21 至 24 日极端高温

2023 年 6 月 21 至 24 日极端高温天气期间,观象台首次出现连续 3 d 最高气温 40℃及以上(往年最多为单日超过 40℃)。高温天气引发的热射病,导致多起人员伤亡事件。由于前期降雨量比常年同期明显偏少,加上持续性高温天气,导致北京地区局地出现严重干旱,给城市安全运行带来重大影响。

3.5.3.1 天气实况

2023 年 6 月 21 日至 24 日北京连续 4 d 出现高温天气，22 日达到峰值（图 3.47），观象台最高气温分别为：38.8℃、41.1℃、40.3℃和 40.0℃。受持续性高温天气的影响，北京呈现大范围干旱现象，也引发多起因热射病导致的伤亡事故。此次高温过程具有影响范围广、持续时间长、极端性明显等特点。

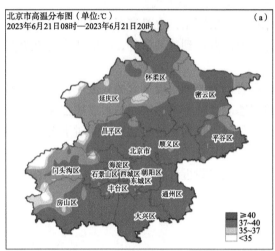
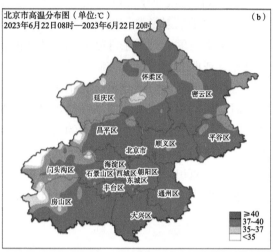
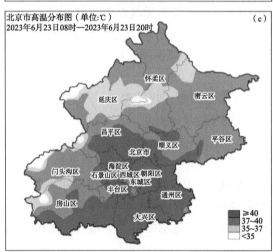
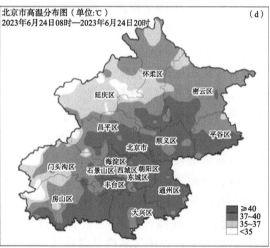

图 3.47　2023 年 6 月 21—24 日北京逐日白天最高气温分布图
（(a) 6 月 21 日；(b) 6 月 22 日；(c) 6 月 23 日；(d) 6 月 24 日）

一是影响范围广。此次高温天气影响北京、天津、河北、山东、河南等多个省（市）。北京地区除高海拔山区外，大部分地区均出现 39℃以上持续高温天气；如 22 日，全市 556 个气象观测站中有 454 个测站（约 82%）最高气温达 39℃及以上，265 个测站（约 48%）最高气温达 41℃及以上。

二是持续时间长。观象台连续四天最高气温达到 37℃以上，高温影响时段追平该站建站以来最长记录（1955 年 7 月 21—24 日）；首次出现连续 3 d 最高气温超过 40℃（往年最多为单日超过 40℃)。

三是具有极端性。22 日怀柔、汤河口、斋堂、上甸子和佛爷顶共 5 个国家站最高气温突破建站以来最高值；观象台最高气温 41.1℃，突破 6 月份同期极值，为该站建站以来第二高值（最高为 41.9℃，1999 年 7 月 24 日)。

3.5.3.2　天气发生及成因分析

从 6 月 21 日 08 时高空天气图可以看到（图 3.48），北京处于 500 hPa 槽后西北气流控制中，700～850 hPa 为明显的西北风，850 hPa 处于强大的暖气团控制，温度在 20℃以上。从 14 时的探空图看到，整层较干且为西北气流，700 hPa 以下温度曲线接近干绝热斜率，且 850 hPa 温度达 21℃。这种天气形势和温度层结非常有利于高温天气的发生和发展。21—24 日北京地区天空状况晴好，非常有利于白天的辐射增温。其中 23 日、24 日午后偏南风风力较大，造成午后升温显著。高温天气持续期间，整层大气水汽含量低，不利于云的形成，晴晒炎热，辐射增温效应强。

总体来说，6 月 21—24 日高温过程主要原因有：一是京津冀地区受暖气团控制，暖气团强度比较强，且影响时间长。二是在暖高压脊形势控制下，天空晴朗少云，没有云层遮挡，太阳辐射增温更加有利，促进了升温。三是空气湿度小，天气干燥，有利于气温升高。四是夏至节气刚过，白天日照时间长，夜间时间短，基础温度高，也有利于高温出现和维持。

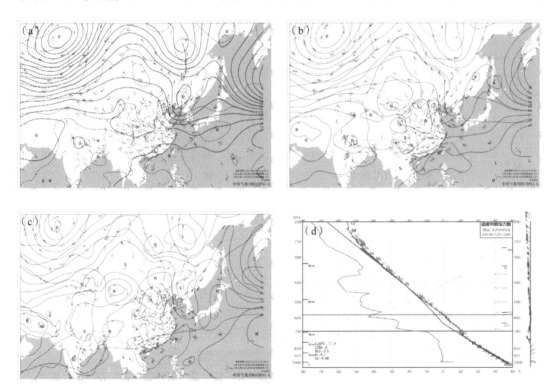

图 3.48　2023 年 6 月 21 日 08 时 500 hPa (a)、700 hPa (b)、850 hPa (c) 高空填图，21 日 14 时探空图 (d)

3.5.3.3　气象服务回顾

针对此次极端性高温过程，气象部门提前准确预报，及时开展气象服务。

一是加强会商研判，滚动发布预报预警。针对此次持续高温天气过程，北京市气象台20日发布决策材料，提示"21—25日将出现持续性高温"。市、区两级共发布预警信号69期，所有正确预警的时间提前量平均为4.55 h。

二是加强气象灾害风险预估，为政府决策部门提供精准的决策服务建议。针对持续性高温过程及时跟进发布了多期决策服务材料，从人体健康、水电等能源需求、交通安全、城市和森林火灾、农业影响等方面进行风险预估，并提出相关防范建议。首次将风险预估产品融入重要天气报告等决策材料，对发生热射病等重度中暑、火灾、交通事故、农业干旱等风险较高的区域进行风险提示。

三是加强实时气象监测，针对突发事件提供加密实况跟踪服务。高温天气过程中及时跟踪气温实况，逐小时发布高温实况。针对高温过程中密云、怀柔、门头沟出现山火突发情况，通过电话和微信提供火点周边天气实况及预报，进行跟踪服务。此外，持续性高温天气期间，加强公众气象服务，做好高温天气的成因解读，及时回应有关部门和公众气象服务关切和科普需求。

四是及时进行复盘分析，总结应对极端天气的服务工作经验。从高温天气特征、成因和气象服务情况等多个方面对极端性高温天气进行综合和分析。针对本轮高温天气过程的预警信号影响及有效性问题，结合应急管理的需求，在调研全国代表性省市高温预警信号的基础上，及时对高温天气发布标准及相应的防御指南进行了修订，使之更适合城市精细化管理（表3.9）。

表3.9 高温预警信号修改前后对比

预警等级	现行标准	修改后标准
蓝色	单日最高气温将升至37℃以上，或连续2 d日最高气温将在35℃以上	取消
黄色	单日最高气温将升至39℃以上，或连续3 d日最高气温将在35℃以上	预计未来连续3 d日最高气温将在35℃以上
橙色	单日最高气温将升至40℃以上，或连续2 d日最高气温将在37℃以上	预计未来24 h内最高气温将升至37℃以上
红色	单日最高气温将升至41℃以上，或连续3 d日最高气温将在37℃以上	预计未来24 h内最高气温将升至40℃以上

3.5.3.4 小结与讨论

针对2023年6月21—24日极端高温天气，北京市气象台及时、准确的高温预报服务，极大程度地减少高温事件可能带来的负面影响，在政府决策、突发事件应急和公众健康防护方面发挥了积极作用，此次高温天气服务过程也让业务人员认识到极端高温天气预报服务中的不足，为相关业务能力的提升积累了宝贵的预报服务经验。

（1）极端性天气过程的准确度和提前量仍是薄弱环节。针对此次过程，北京市气象台提前较准确预报出高温过程影响时间和影响范围，但对此轮高温天气的极值预报仍有不足。因此，在未来工作中需加大高温预报客观算法研究，大力发展集合预报技术，提升极端高温天气预报预警水平。

（2）针对极端高温等高影响天气的高级别预警信号的启动流程仍然有待于完善。目前橙色、红色预警信号升级发布需要提前走北京市领导审批等流程。一方面，政府部门人员流动大，部门间磨合和流程的优化仍需要加强；另一方面，防御指南需要及时根据应急响应进行更新和调优，以便政府部门采取更加精准的防御措施。

（3）通过此次服务也认识到高级别预警信号提前量与公众满意度需求尚且存在差距。因此，通过加强与市应急部门的沟通，根据相关应急预案，重新修订了高温预警信号标准，并梳理红色、橙色预警信号申请发布流程，以提高高温预警信号发布提前量。

3.6 台　风

3.6.1　影响北京的台风

3.6.1.1　台风定义

台风是发生在热带或副热带洋面上的低压涡旋，是一种强大而深厚的热带天气系统，常伴有狂风、暴雨和风暴潮，是我国沿海地区经常出现的一种天气现象。热带气旋按中心附近地面最大风速划分为六个等级（表 3.10），分别为热带低压、热带风暴、强热带风暴、台风、强台风和超强台风。当热带气旋达到或曾经达到过热带风暴等级或以上等级时，通常会获得命名。若是在西北太平洋地区，热带气旋被称为台风（在其他海域会有别的叫法，例如在东北太平洋和北大西洋叫飓风，在北印度洋叫气旋性风暴）。

台风带来水资源的同时，破坏力也相当惊人，造成人民生命财产的损失。成熟的台风每小时水汽凝结而释放出来的热量堪比原子弹。因此，台风的防御工作一直是气象防灾减灾的重中之重。

表 3.10　热带气旋级别与中心附近最大风力等级对应关系

热带气旋级别	风力等级	风速范围
热带低压（TD）	6～7 级	10.8～17.1 m/s
热带风暴（TS）	8～9 级	17.2～24.4 m/s
强热带风暴（STS）	10～11 级	24.5～32.6 m/s
台风（TY）	12～13 级	32.7～41.4 m/s
强台风（STY）	14～15 级	41.5～50.9 m/s
超强台风（Super TY）	≥16 级	≥51.0 m/s

3.6.1.2　影响北京的台风

据不完全统计（表 3.11），有气象记录以来，主要有 13 次台风减弱后的低压经过或接近北京，给北京地区带来明显的风雨影响。尽管影响北京地区的台风数量不多，但是台风的能量和破坏力巨大，仍然是气象服务的重点。

表 3.11　影响北京地区台风概况

序号	台风编号	台风名称	登陆时间/年.月.日	登陆地点	登陆时强度等级	登陆时中心附近最大风力等级	登陆时中心气压/hPa	影响北京时间	观象台降雨量/mm
1	5612	温黛	1956.08.01	浙江象山	Super TY	>16 级	923	8 月 2—6 日	249.1
2	6705	Dot	1967.07.29	山东乳山	STS	10 级	990	7 月 28—29 日	6.4
3	7203	丽塔*	1972.07.27	天津	TD	7 级	980	7 月 27—29 日	80.0
4	8407	Freda	1984.08.08	福州罗源县	STS	10 级	988	8 月 9—11 日	206.5
5	8509	玛美	1985.08.18	江苏启东	STS	11 级	980	8 月 18 日—20 日	118.7
6	8909	Hope	1989.07.21	浙江台州	TY	13 级	975	7 月 21—23 日	66.9
7	9406	提姆	1994.07.11	福建泉州	STS	11 级	975	7 月 12 日至 14 日	154.6
8	9608	贺伯	1996.08.01	福建莆田	TY			8 月 3—5 日	113.6
9	0421	海马	2004.9.13	浙江温州	TS	8 级	998	9 月 14—16 日	49.4
10	0509	麦莎	2005.08.06	浙江玉环县	STY	14 级	950	8 月 8 日夜间—9 日白天	11.0
11	1710	海棠	2017.07.31	福建福清市	TS	8 级	990	8 月 2—3 日	66.8
12	1810	安比	2018.07.22	上海崇明岛	STS	10 级	982	7 月 23—24 日	76.4
13	2305	杜苏芮	2023.07.28	福建晋江	STY	15 级	945	7 月 29 日夜间—8 月 2 日早晨	238.4

　　*台风"丽塔"首次登陆地点为山东威海，时间为 1972 年 7 月 26 日，后于 7 月 27 日二次登陆天津，表中为距离北京更近的登陆点。

（1）1956 年 12 号台风"温黛（Wanda）"

　　1956 年第 12 号超强台风"温黛（Wanda）"，8 月 1 日 23 时在浙江象山登陆，登陆时中心附近最大风速 65 m/s，中心气压 923 hPa。该台风登陆后迅速减弱，并继续向西北方向移动，减弱后的低压环流深入内陆，直达陕西和内蒙古接壤地区（图 3.49）。台风"温黛"影响期间，沿海出现特大海潮，浙江象山县最高潮位达 4.7 m，纵深 10 km 一片汪洋，造成的灾害极其严重。据不完全统计，浙、苏、沪、皖、豫、冀等省（市）受灾农作物面积共约 6946 万亩，毁坏房屋 220 万间，死亡 5000 余人，伤 1.7 万多人。

　　台风"温黛"影响北京的时间为 8 月 2 日至 6 日，北京地区 24 小时最大降雨量 434.8 mm，其中南郊观象台累计降水量 249.1 mm。台风"温黛"也成为新中国成立以后第一个严重影响北京的台风。受台风影响，北京永定河西麻各庄决口，永定河水位暴涨。大兴县 42 个村庄过水，死伤 8 人，倒塌房屋 42135 间。

图 3.49　台风"温黛"路径图

（2）1967 年 5 号台风"Dot"

　　1967 年第 5 号台风"Dot"，7 月 20 日 14 时在北马里亚纳群岛附近洋面生成，生成后向西北方向移动，中间路径略有曲折，强度基本维持在强热带风暴级，直至进入东海后才一度加强为台风级，但也仅维持了很短时间（不到 12 h）。"Dot"先于 7 月 29 日 02 时登陆山东乳山（登陆强度：10 级，990 hPa），然后穿过山东半岛东部进入渤海海峡，并于 7 月 29 日 16—17 时在辽宁旅大再次登陆（登陆强度：9 级，993 hPa），之后强度迅速减弱，以低于 6 级风的强度陆续穿过辽宁、吉林和黑龙江三省，最后在俄罗斯境内消散（图 3.50）。

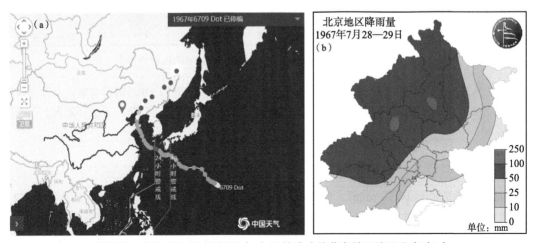

图 3.50　台风"Dot"路径图（a）及其造成的北京地区降雨分布（b）

　　台风"Dot"影响北京的时间是 1967 年 7 月 28—29 日，期间北京地区平均降雨量为

33.4 mm，降雨高值区主要分布在西部、北部，其中昌平站、怀柔站降雨量在 100 mm 以上，门头沟站、密云站和延庆站降雨量在 50 mm 以上，最大降雨量出现在昌平站，为 103.8 mm，观象台降雨量为 6.4 mm。28—29 日的逐日平均降雨量分别为 4.6 mm、28.7 mm。期间观象台极大风速为 11.3 m/s。

（3）1972 年 3 号台风"丽塔（Rita）"

1972 年第 3 号台风"丽塔（Rita）"，7 月 27 日 07：30 在天津登陆，登陆时实测强度为 8—9 级的热带风暴，随后横扫北京。台风"丽塔"于 7 月 7 日 20 时生成，7 月 9 日 02 时达到超强台风级别，移至东经 133° 附近开始原地回旋，之后以曲折的路径向偏北方向移动，靠近日本以南洋面后又转向西北方向，进入东海后路径开始向南偏转，形成打转路径，最后再次向西北方向移动，7 月 26 日 15 时第一次登陆山东荣成（登陆强度 11 级，971 hPa），7 月 27 日 07—08 时以热带低压的强度（7 级，980 hPa）在天津塘沽二次登陆，登陆天津前强度有一个迅速减弱的过程（6 小时内从强热带风暴级减弱为热带低压）。之后穿过天津、北京、河北以及内蒙古，进入蒙古国后转向东北方向，最后从蒙古国再次进入我国，在内蒙古东北部消散（图 3.51）。台风"丽塔"不仅路径怪异（三次打转），而且从热带扰动开始算起，生命史长达 26 d（7 月 5—30 日，28 日变性为温带气旋）。

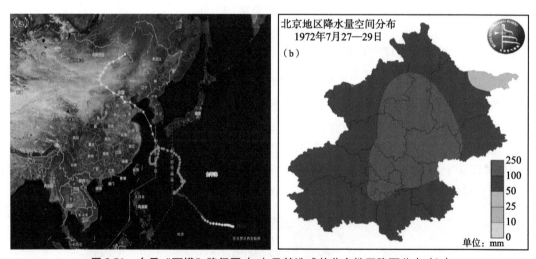

图 3.51　台风"丽塔"路径图（a）及其造成的北京地区降雨分布（b）

受台风"丽塔"的影响，7 月 27 日至 29 日北京地区平均降雨量 102.2 mm，其中丰台站达 159.2 mm。台风"丽塔"造成怀柔县、延庆县共发生泥石流 41 处，死亡 52 人，冲毁房屋 1406 间。

（4）1984 年 7 号台风"Freda"

1984 年第 7 号台风"Freda"，8 月 6 日 02 时在菲律宾以东洋面生成，8 月 8 日 02 时在福建罗源登陆（登陆强度 10 级，988 hPa）；之后强度迅速减弱为热带低压。减弱后的"Freda"以热带低压和低压的形态在陆地上维持了很长时间，先后穿过福建北部、江西北部、湖北东部，进入河南境内时路径向北偏东偏折，靠近北京后路径的偏东分量加大，进入黑龙江后向偏东方向再次偏折，最后从俄罗斯入海，在千岛群岛以东洋面消散（图 3.52）。

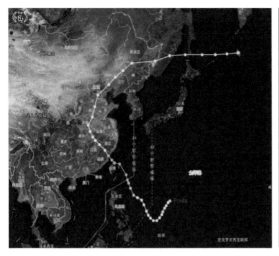
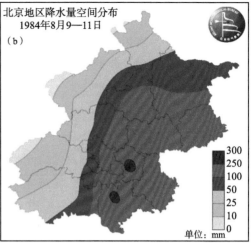

图 3.52　台风"Freda"路径图（a）及其造成的北京地区降雨分布（b）

受台风"Freda"影响，北京地区出现暴雨，局地大暴雨。8 月 9—11 日全市 20 站平均降雨量 115.1 mm，最大朝阳站 273.0 mm，其中 10 日通州日降雨量达 192.1 mm。

（5）1985 年 9 号台风"玛美"

1985 年第 9 号台风"Mamie"（"玛美"），8 月 16 日 08 时在东海东南部海面上生成，生成后向偏北方向移动，并逐渐向西北方向偏转，强度逐渐加强，于 8 月 18 日 12 时登陆江苏启东（登陆强度：11 级，980 hPa）；之后沿江苏沿海北上，于江苏北部进入黄海，紧接着于 8 月 19 日 09 时登陆山东胶南（登陆强度：11 级，983 hPa）；穿过山东半岛后进入渤海海峡，然后于 8 月 19 日 19—20 时在辽宁大连再次登陆（登陆强度：11 级，981 hPa）；登陆后向东北方向快速移动，先后经过东北三省，最后在黑龙江境内消散（图 3.53）。

台风"玛美"影响北京的时间是 1985 年 8 月 18—20 日，期间北京地区平均降雨量为 48.4 mm，降水主要在东部，其中石景山、观象台、海淀降雨量在 100 mm 以上，最大降雨量出现在石景山站，为 149.8 mm。观象台降雨量为 118.7 mm。18—20 日逐日平均降雨量分别为 24.6 mm、0.7 mm、23.1 mm。

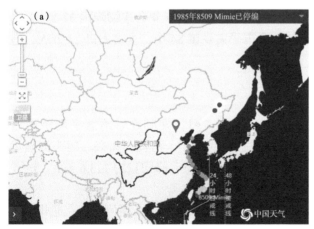
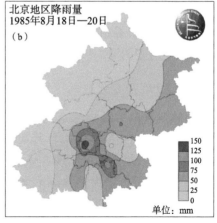

图 3.53　台风"玛美"路径图（a）及其造成的北京地区降雨分布（b）

（6）1989 年 9 号台风"Hope"

1989 年第 9 号台风"Hope"，7 月 21 日在浙江台州登陆，7 月 21—23 日影响北京（图 3.54）。受台风"Hope"减弱后的低压环流影响，北京平均降雨量 102.9 mm，其中最大出现在房山霞云岭，达 229.2 mm。

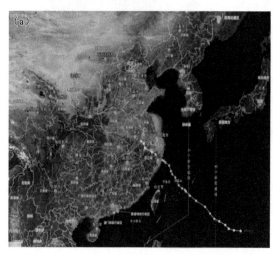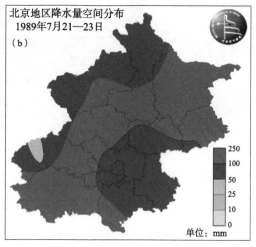

图 3.54　台风"Hope"路径图（a）及其造成的北京地区降雨分布（b）

受台风"Hope"影响，密云县番字牌乡、冯家峪乡暴发了泥石流，共有 824 处山体滑坡，9 处泥石流。冲毁房屋 7502 间，18 人死亡，8 人重伤，432 人轻伤。

（7）1994 年 6 号台风"提姆（Tim）"

1994 年第 6 号台风"提姆（Tim）"7 月 12—14 日影响北京。台风"提姆"于 7 月 8 日 08 时在菲律宾以东洋面生成，生成后向西北方向移动，路径稳定；强度迅速加强为超强台风级（55 m/s）；于 7 月 10 日 19—20 时登陆台湾新港（登陆强度：14 级，950 hPa）；7 月 11 日 06 时在福建泉州再次登陆（登陆强度：11 级，975 hPa）；然后穿过福建进入江西，强度迅速减弱，并在江西逐渐向北偏东方向偏转；之后一路向北偏东方向移动，直至从山东与河北的交界处进入渤海湾，然后向东北偏折，最后在辽宁境内消散（图 3.55）。

受台风"提姆"影响，北京全市平均降雨量 151.9 mm，观象台连续降雨 32 h，总降雨量 154.6 mm；平谷站达 305.1 mm。据统计，全市受灾乡镇 84 个，受灾人口 23 万人，造成 8 人死亡，房屋倒塌 1.1 万间。

（8）1996 年 8 号台风"贺伯"

台风"贺伯"影响北京的时间是 1996 年 8 月 3—5 日，期间北京地区平均降雨量为 116.6 mm，降雨主要在中部，其中怀柔、顺义、昌平、朝阳、海淀、大兴、门头沟雨量在 140 mm 以上，最大雨量出现在怀柔站，为 165.8 mm。观象台降雨量为 113.6 mm。3—5 日逐日平均降雨量分别为 32.4 mm、6.8 mm、77.4 mm（图 3.56）。

期间平谷站、通州站、海淀站极大风速超过 10 m/s，极大风速最高值出现在通州站，为 12.5 m/s。观象台极大风速为 8.1 m/s。

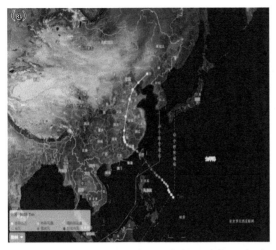
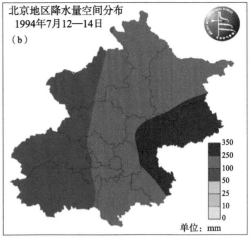

图 3.55　台风"提姆"路径图（a）及其造成的北京地区降雨分布（b）

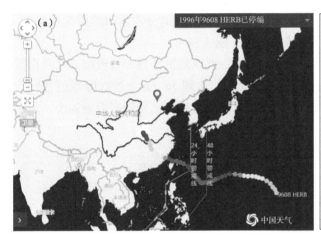
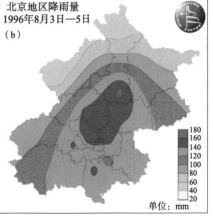

图 3.56　台风"贺伯"路径图（a）及其造成的北京地区降雨分布（b）

（9）2004 年 21 号台风"海马（Haima）"

2004 年第 21 号台风"海马（Haima）"，9 月 13 日傍晚在浙江温州登陆，并于 9 月 14—16 日影响北京，是有记录以来影响北京最晚的台风。"海马"于 9 月 12 日 02 时在台湾西北的洋面上达到台风等级，并于 9 月 13 日 12 时登陆浙江温州（登陆强度 8 级，998 hPa）；登陆后随即向偏北方向偏转，并以热带低压的强度快速一路北上，先后穿过浙江、江苏、山东、河北东北部以及内蒙古东部，最终进入俄罗斯并消散（图 3.57）。

9 月 14—16 日，受"海马"影响，北京市平均降雨量 42.7 mm，其中怀柔汤河口站降雨量最大，为 65.7 mm。

（10）2005 年 9 号台风"麦莎（Matsa）"

2005 年第 9 号台风"麦莎（Matsa）"，8 月 6 日在浙江玉环县登陆。该台风于 7 月 31日 20 时在菲律宾以东洋面生成，之后向西北方向移动，强度逐渐加强。台风"麦莎"从台湾东边进入东海后，于 8 月 6 日 03 时 40 分左右登陆浙江玉环（登陆强度 14 级，950 hPa），

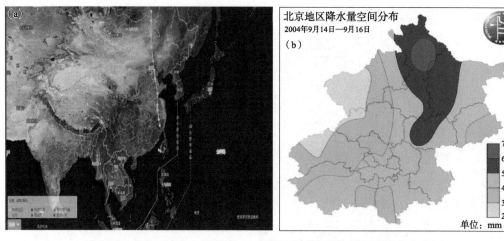

图 3.57　台风"海马"路径图（a）及其造成的北京地区降雨分布（b）

之后穿过浙江，强度逐渐减弱；从浙江进入江西后，随即转向北偏东方向，先后穿过江苏和山东；进入渤海后进一步向东北方向偏折，于 8 月 9 日 06 时 30 分左右以热带低压强度（6级，995 hPa）登陆辽宁大连，最终在辽宁境内消散（图 3.58）。

受台风"麦莎"减弱的低压西部边缘云系的影响，北京地区 8 月 8 日夜间到 9 日白天出现中到大雨局地暴雨的天气，其中顺义的降雨量最大，达到 76 mm。这次降雨过程因台风中心路径较为偏东，全市降雨雨势比较平缓，过程总降雨量相对前期预报明显偏小，持续时间长。

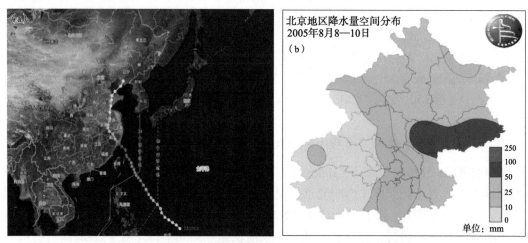

图 3.58　台风"麦莎"路径图（a）及其造成的北京地区降雨分布（b）

（11）2017 年 10 号台风"海棠（Haitang）"

2017 年第 10 号台风"海棠（Haitang）"，7 月 31 日在福建省福清市登陆。"海棠"于 7月 28 日 20 时在南海北部海面上生成，是影响北京的台风里少见的生成于南海的个例。生成后，"海棠"继续沿着打转路径移动，强度变化不大；完成打转后向台湾南部靠近，并于 7月 30 日 17 时 30 分左右登陆台湾屏东（登陆强度 9 级，985 hPa）；之后穿过台湾海峡，于7 月 31 日 02 时 50 分左右在福建福清再次登陆（登陆强度 8 级，990 hPa）；穿过福建进入江西后，路径开始逐渐向北偏转，然后沿着湖北与安徽边界、河南与安徽边界移动，直至进入山东，最终在山东境内消散（图 3.59）。

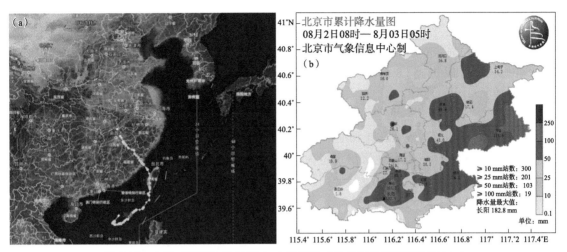

图 3.59　台风"海棠"路径图（a）及其造成的北京地区降雨分布（b）

8 月 2 日白天到夜间北京受减弱的低压倒槽和东移高空槽的共同影响出现中到大雨，部分地区暴雨，房山、大兴、平谷、密云和顺义局地出现大暴雨。8 月 2 日 08 时至 3 日 05 时，全市平均降雨量 36.7 mm，城区 33.3 mm；最大降雨量为房山长阳 182.8 mm，最大雨强出现在房山站，8 月 2 日 19—20 时降雨 111.9 mm/h。

（12）2018 年 10 号台风"安比（Ampil）"

2018 年第 10 号台风"安比（Ampil）"，7 月 22 日 12：30 在上海市崇明岛沿海登陆，之后经过江苏、山东、河北、天津、辽宁，于 25 日凌晨在内蒙古变性为温带气旋（图 3.60）。受"安比"影响，北京东部地区降暴雨，局地大暴雨，部分地区出现 6～8 级阵风。7 月 23 日 20 时至 24 日 16 时（持续时间 20 h），北京地区全市平均降雨量为 41.3 mm，城区平均 47.4 mm；全市共有 150 个测站（占总站数约 35%）降雨量超过 50 mm，25 个测站超过

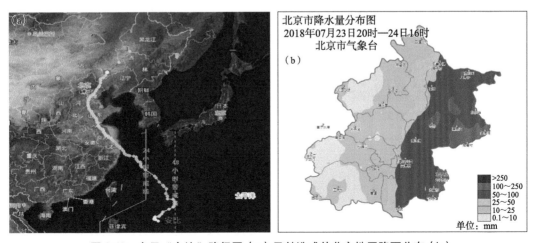

图 3.60　台风"安比"路径图（a）及其造成的北京地区降雨分布（b）

100 mm，最大降雨出现在通州 101 农场 147.2 mm，最大降雨强度出现在朝阳东坝，24 日 07—08 时 46.0 mm/h。此外，延庆、怀柔、密云、平谷、顺义、大兴、通州等局地出现了 6~8 级阵风。

受台风"安比"影响，密云、怀柔、昌平等 11 个区 1.9 万人受灾，1.8 万人紧急转移安置，直接经济损失 400 余万元。强降雨导致部分道路出现塌陷或积水断路险情，全市共出现积水点 19 个，其中断路 18 个，共关闭景区 183 家。

（13）2023 年第 5 号台风"杜苏芮"

受台风"杜苏芮"残余环流和地形等多因素影响（图 3.61），7 月 29 日至 8 月 2 日北京地区出现极端强降雨，部分地区出现特大暴雨，具有持续时间长、累计雨量大、极端性强等特点。降雨持续 83 h，7 月 29 日 20 时至 8 月 2 日 07 时全市平均降雨量 331.0 mm，占常年全年降水量（551.3 mm）的 60%，远超 1963 年"63·8"特大暴雨（281.2 mm）和 2012 年"7·21"特大暴雨（170 mm）。此次降雨过程中，全市有 86 站（占比 12.7%）降雨量超过了 600 mm；有 28 站超过 800 mm，均出现在房山、门头沟和昌平，其中有 3 个站降雨量超过 1000 mm（市规自委雨量站）。全市共有 128 站次小时雨强≥50 mm/h；33 站次小时雨强≥70 mm/h；10 站次小时雨强≥100 mm/h，全市最大雨强出现在龙泉地区办事处天桥浮村拉拉湖村泥石流监测点（规自委雨量站），31 日 10—11 时雨强为 126.6 mm/h。

此次强降雨造成北京地区死亡 33 人（主要由洪水冲淹、冲塌房屋等原因造成），18 人失踪（包括 1 名抢险救援人员），另外 131 万人受灾。全市农作物受灾面积 14469 hm²，倒塌房屋 16003 间，严重受损房屋 33430 间，直接经济损失 637386 万元。

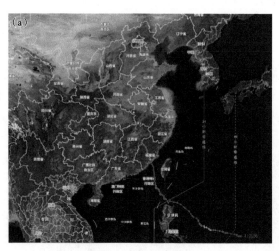
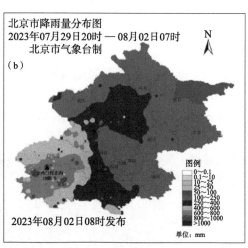

图 3.61　台风"杜苏芮"路径图（a）及其造成的北京地区降雨分布（b）

3.6.2　递进式服务要点

台风影响范围广，破坏力大，可引发风暴潮、暴雨、大风等灾害。由于台风路径复杂，预报难度大，灾害影响范围广，因此，防范难度大。决策气象服务围绕台风趋向、是否登陆、风雨影响等内容提供气象服务信息，为决策者组织台风防御提供依据。

3.6.2.1　递进式服务流程

按照台风路径变化和强度发展规律，台风递进式气象服务分为"前期筹备、预报预测、风险提示、临灾预警、复盘总结"五个阶段，每个阶段需要开展的工作如图 3.62 所示。

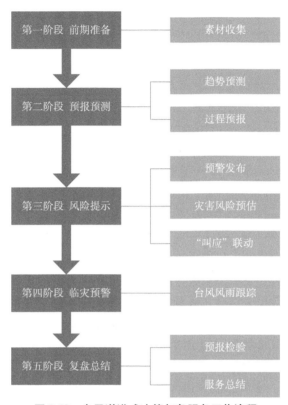

图 3.62　台风递进式决策气象服务工作流程

（1）第一阶段：前期准备

台风天气的准备工作主要是台风决策气象服务过程中涉及到的相关素材收集和整理，为台风过程的天气会商、决策服务材料撰写、现场服务科普解读提供支撑。

一是了解历年来北京地区受台风影响情况，包括降雨、风、灾情等，以及台风形成的原因、风雨影响等科普知识，及时做好决策用户及公众前期的科普解读。

二是当月历史台风影响情况，本次台风在路径、中心强度、距离北京的位置、影响时间等方面的特殊性。

三是台风影响北京典型个例对比分析，如在 2023 年 "23·7" 过程对比历史相似个例，1984 年第 7 号台风 "Freda"、1994 年第 6 号台风 "Tim"，图 3.63 为会商素材。

四是由于受地形影响，台风容易在北京造成极端降水，需要同时对比本次过程和历史上台风过程累积降雨量和雨强情况，做到心中有数。

（2）第二阶段：预报预测

①趋势预测：台风路径和强度的变化是气象预报服务的重点。台风路径预报稍有偏差，就可能造成北京暴雨空报或者漏报，如 2005 年台风 "麦莎"。因此，台风登陆之初就要关注

相似路径历史台风个例

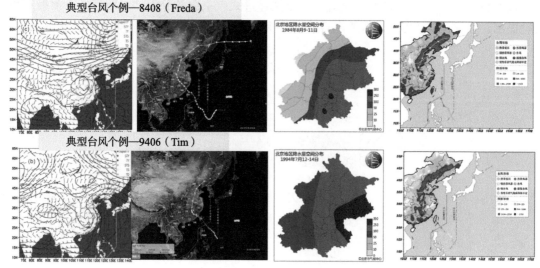

图 3.63　2023 年与"杜苏芮"相似路径的台风分析

路径的变化，包括影响台风的大尺度环流、台风登陆点、登陆后的强度变化等。台风可能对北京造成影响时，可以首先发布决策服务内参，为防汛关键部门责任人通报台风可能产生的影响、时间、影响大小等相关信息，甚至详细描述影响的不确定性，让决策部门做到心中有数。同时，为了避免网上出现负面舆情，可以首先通过公众号开展台风相关知识的科普。

②过程预报：当天气形势预报稳定时，提前 1～2 d 发布《重要天气报告》等决策材料，明确给出台风影响时间、影响范围、降雨量级、风力大小等，并根据预报对各部门进行精细的防范提示，包括河道、水库水位、山区地质灾害重点地段、城市易涝点、是否影响出行等，同时也指出预报的不确定性。

（3）第三阶段：风险提示

①预警发布：台风影响前，及时发布相关预警。尽早发布相关预警信号，以便决策部门及时采取应对措施。一方面是台风带来的降雨强度的影响，需要提前发布暴雨预警信号；二是关注台风可能产生的风力影响，及时发布大风预警信号。

②风险预估：台风的风险预估涉及暴雨风险预估和大风风险预估，因此，需要提前启动相关的业务，比如降雨与大风相结合的综合风险预估业务。

③"叫应"联动：针对台风可能造成的影响，及时向各委办局通报天气情况，叫应市级、区级党政领导负责人，以及气象信息员。

（4）第四阶段：临灾预警

①台风影响中，及时更新实况信息。在台风影响北京前和影响过程中，及时发布北京周边及北京地区的实况信息，避免出现"等雨来""等风来"，为决策部门科学合理调度救援力量提供支撑。

②台风影响后，及时提供重点区域精细化预报。台风影响过后，及时提供受灾严重区域精细化预报，为灾后救援和灾后重建提供有力保障。

（5）第五阶段：复盘总结

①预报检验：从主观和客观的角度对台风过程的预报情况进行评估，包括台风路径及强度、台风风雨预警提前量、量级预报情况、降雨等级等。

②服务总结：综合分析本次过程气象服务情况，包括台风实况及特点、灾情、成因解读、预报检验、服务情况、经验与不足，探索改进措施。可以作为决策服务材料让决策者对重大过程有一个客观了解，并做好过程的存档。

3.6.2.2 台风服务关注点

①关注台风路径和强度变化。由于台风登陆之后受到摩擦力的影响，强度会急剧下降，路径也可能发生明显变化，稍微有所偏差，就可能造成北京暴雨的空报，如 2005 年台风"麦莎"。因此，需要密切关注台风路径和强度变化。

②台风不确定性纳入决策材料。数值模式对于台风的移动路径预报发散度很大，有较大不确定性，各家数值模式的预报结果可能相差上千公里，而具体降雨强度和影响范围又取决于台风移动路径。因此，需要把台风路径和强度的不确定性，以及可能导致北京降雨量级上的变化，作为主要内容纳入决策服务材料。

③避免台风引发负面舆情。尽管影响北京的台风不多，但是台风的关注度极高，一旦受到台风影响，很容易发生灾害，因此，气象部门需要及时、主动发声，做好公众的科普解读，避免出现负面舆情。

3.6.2.3 台风防御指南

台风北上直接影响北京的情况虽然比较少见，但受台风外围云系影响的情况却不少。台风引发的强降雨所导致的山洪、泥石流等次生灾害给人民的生命财产、人身安全造成了巨大损失。台风的预报、服务工作至关重要，责任重大。需要综合考虑台风大风和降雨的影响，常用的防御指南包括如下。

①强降雨造成路面湿滑、能见度下降、低洼路段积水，对交通、排水、电力、通信等城市运行保障将造成较大影响，请相关部门提前采取应对举措。短时雨强较大，建议做好城市易积水区域的防涝工作。

②山区和浅山区山洪、滑坡、崩塌、泥石流等次生灾害风险高，重点关注山区易塌方路段的交通出行安全和灾害隐患点居民的安全；同时关注水库汛限水位，科学实施泄洪，确保中小河流、水库安全。

③风力较大，需加强对园林树木、农业设施大棚、临时搭建物、户外广告牌、标识牌、施工围挡和高空易坠物等加固和隐患排查，做好户外高空作业安全防护等工作。

④公众不要前往山区、河道、地质灾害隐患区域，请勿涉水行车；雷雨和大风时不要在高大建筑物、广告牌、临时搭建物或大树下方停留。

3.6.3 2018 年 10 号台风"安比"

2018 年台风"安比"，给北京东部地区带来了风雨影响。气象部门与地方党委政府、防汛抗旱指挥机构各成员单位积极联动，及时为决策部门提供台风动态、雨量实况、未来天气预报等。虽然此次过程给北京通州、密云、平谷等东部地区带来了较大的风雨影响，但由于气象信息发布准确、及时，地方政府高度重视、提前防御，没有造成人员伤亡及其他重大灾情。中国气象局和北京市领导均对此次台风气象服务总结报告进行了批示。北京市委书记指出：气象部门应对台风"安比"有经验，发挥了应有作用。

3.6.3.1 台风概况

2018年第10号台风"安比（Ampil）"，7月22日中午在上海市崇明岛沿海登陆，之后北上途经京津冀东部地区（图3.64）。受"安比"减弱后的外围云系的影响，北京东部地区降暴雨，局地大暴雨，部分地区出现6～8级阵风。7月23日20时至24日16时（持续时间20 h），北京地区全市平均降雨量41.3 mm，城区平均47.4 mm；全市共有150个测站（占总站数约35%）降雨量超过50 mm，25个测站超过100 mm，最大降雨出现在通州101农场147.2 mm，最大降雨强度出现在朝阳东坝，24日07—08时雨强46.0 mm/h。此外，密云、平谷、通州等11个区局地出现了6～8级阵风。

受其影响，密云、怀柔、昌平等11个区1.9万人受灾，1.8万人紧急转移安置，直接经济损失400余万元。强降雨导致部分道路出现塌陷或积水断路险情，全市共出现积水点19个，其中断路18个，共关闭景区183家。

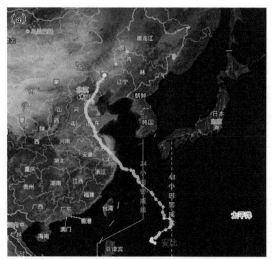
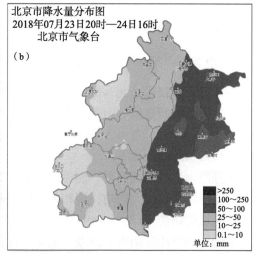

图3.64　台风"安比"路径（a）及其造成的北京地区降雨分布（b）

3.6.3.2 台风环流场

从高空形势看（图3.65），这是一次经向型环流主导的台风暴雨过程，是由登陆台风和东移低槽相互作用导致的，西太平洋副热带高压和西风带高压脊共同形成的阻挡形势也起到了重要作用。7月22日中午，台风"安比"在浙江东部登陆（登陆强度是强热带风暴），主要的降水位于登陆中心附近，江苏北部－上海－浙江南部出现暴雨。此时，副热带高压偏北偏西，脊线位于35°N附近，西伸脊点位于105°E。中高纬度地区高空槽系统活跃，亚洲东岸的高压脊和副热带高压同位相叠加，开始形成阻挡形势。此外，低纬度地区热带气旋活跃，减弱成热带风暴的1809号台风"山神"位于海南附近。24日，台风"安比"减弱为热带风暴，西北移动至山东南部，主要的暴雨落区位于山东南部到江苏北部，由台风"安比"直接导致，位于台风的一、四象限。受其影响，副高略东退，但是位置仍然偏北，脊线位于 32°N 附近。中纬度带上，位于河套地区西部的高空槽显著加深，受其影响，京津冀大部分地区出现小雨天气。此时，在低纬度带上，减弱的台风"山神"仍位于海南到广东南部附近，菲律宾以东洋面上新的热带气旋 1812 号"云雀"开始逐渐生成，其对于副高始终维持在 30°N 以北也有重要作用。24 日，随着台风"安比"继续北上到天津附近，与此同时，中纬度低槽东移至华北地区上空，热带气旋西北侧有弱冷空气渗透，二者相互作用，在京津冀东部产生了暴雨－大暴雨，主要降水落区位于低层偏南风的切变中。受到热带气旋"云雀"和减弱的台风"山神"的共同影响，副高较前一日西伸，并略北抬至 35°N 以北，与中高纬度高压脊一起形成了更加强大的阻挡形势，这种"西低东高"、"北低南高"的环流形势对于华北区域暴雨是比较典型的。

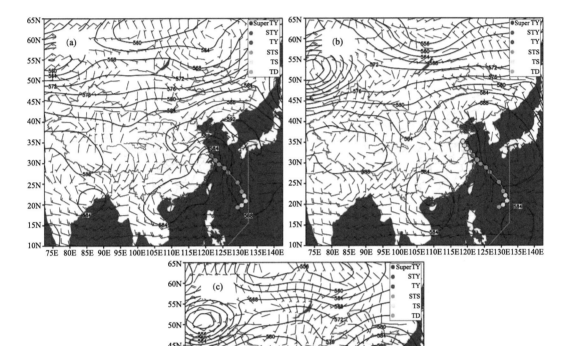

图 3.65　500hPa 高度场，850hPa 风场和台风路径
（a.7 月 22 日 14 时；b.7 月 23 日 14 时；c.7 月 24 日 14 时）

3.6.3.3　气象服务回顾

针对此次过程，北京市气象局加强与国家级业务科研单位、在京部队和华北区域气象部门的降雨天气联防和会商研判（图 3.66）。

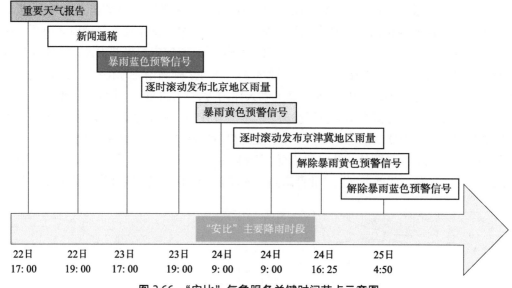

图 3.66　"安比"气象服务关键时间节点示意图

（1）提前 4 d 准确预见，提前 2 d 精准预报。台风"安比"登陆前，北京市气象台就密切关注其移动路径和强度变化。7 月 20 日准确预测北京地区 24 日前后有暴雨，22 日发布《重要天气报告》，重点提示 23 日夜间至 24 日北京有大雨、东部地区暴雨；无论是降雨的起止时间还是强降雨落区、量级等都与实况基本吻合，精准预报预警为防御台风留足"预见期"。

（2）提前 133 min 发布暴雨预警。7 月 23 日 17 时北京市气象台发布暴雨蓝色和大风蓝色预警信号，24 日 09 时升级发布暴雨黄色预警信号。密云、平谷、通州、顺义等区气象局也根据情况先后发布暴雨黄色和暴雨橙色预警信号。另外，北京市气象局与市规划国土委于 23 日 20 时联合发布地质灾害气象风险黄色预警，24 日 09 时升级为橙色预警。

（3）应用现代化成果，准确把握预报服务关键节点。台风"安比"移动的路径和强度变化具有不确定性，登陆后长时间以热带风暴级强度持续北上，预报难度大。此次过程，北京市气象局应用高分辨率的"睿图"模式、智能网格预报、X 波段组网雷达等科技资源优势和现代化成果，充分发挥在京天气预报专家"智囊"团的技术支持作用，加强会商研判，准确预报了台风"安比"的影响时间和强度。

严密监视台风"安比"路径和强度变化，提高跟进服务针对性。密切关注台风"安比"路径和强度变化，除了在关键时间节点发布《重要天气报告》等决策材料外，从 23 日 19 时开始逐时滚动发布北京地区降雨量，24 日 09 时开始逐时滚动发布京津冀地区降雨量，为市委、市应急办、市防汛办，以及城市安全运行保障部门及时掌握"安比"最新动态提供决策支撑。

（4）积极融入全市应急联动体系。北京市委、市政府领导提前 24 h 部署台风防御工作，积极防御台风的不利影响。7 月 22 日下午，北京市委书记听取了气象部门关于台风"安比"的汇报，第一时间进行了调度工作安排和部署。防御台风过程中，市委书记和市长先后 4 次听取北京市气象局汇报工作，并根据预报和影响情况对密云、平谷、房山、门头沟、通州等区防汛工作进行重点部署。主管副市长 24 小时坐镇防汛办指挥，全面调度全市防台工作。

气象信息全方位无缝隙融入北京"1+7+5+16"防汛指挥体系。北京市气象局 24 h 保持与市防汛办的视频在线联系，降雨关键期保持 1 h 会商，实时发布最新实况和预报信息。同时，强化与交通、排水、电力、旅游等城市安全运行保障部门的应急联动，并与市规划国土委联合发布地质灾害气象风险预警。

（5）采取"内紧外松"的服务策略，正确引导、科学解读，确保"雨情""舆情"两不误。北京地区刚经历了 2018 年"7·16"暴雨、局地特大暴雨天气过程，防汛形势异常严峻。此次服务过程中，面向市委、市政府和防汛决策部门，重点关注降雨的"叠加效应"，考虑可能出现的各种极端情况，将"一万"与"万一"做了充分说明和解读。面向公众服务，发布客观预报信息的同时重点做好台风科普宣传工作，加强与 17 家主流媒体的联动和合作，通过 30 余篇纸媒报道、1500 余篇网媒报道以及 1630 余条的新媒体报道，对"安比"影响本市进行全过程追踪报道、预报提示和科普解读。通过"气象北京"官方微博策划发布题为《影响北京的"安比"还是台风吗？》的头条文章，强调台风减弱后的低压系统影响与台风直接登陆影响不能相提并论，保障舆情平稳。

3.6.3.4　小结和讨论

新中国成立以来，台风北上影响北京的概率很小，但这些台风均给北京地区带来了不同程度的自然灾害，给预报服务带来重大考验，如台风"麦莎"一样牵动整个社会。台风"安比"预报服务面临三大挑战。一是影响北京的台风历史个例有限，20 世纪 50 年代以来直接或间接影响北京的台风屈指可数，可能几年甚至十几年才会遇见一次，预报员对台风预报的经验积累不足。二是欧洲中期天气预报中心全球数值模式预报变动大，在获取确定性的预报信息方面难度进一步加大。三是公众对台风的关注度高，容易出现谣言，引发公众情绪恐慌。

高影响天气服务过程中要加强对上游实况的跟踪和监测，及时对预报进行订正，做好解释，降低人们对精准预报的期待。今后的台风预报服务中，可以从以下几个方面考虑。

一是关注数值预报给出的台风路径，掌握大的方向，不要拘泥于细节。对于数值预报要重点关注环流背景的变化，如副高的发展、台风的大致走向、西风带的变化情况等，具体路径只是一个参考。

二是关注台风的实况，观察台风的降水特点并分析原因，从而预报其对北京的影响程度。

三是关注东南低空急流和冷空气。东南低空急流可以把海上的大量水汽带到北京上空，而冷空气如同导火索。如果台风距离较远，但北京附近有东南低空急流，上游有弱冷空气即将南下，则北京出现暴雨的可能性会很大。

四是关注舆情动向。舆情方面，吸取了台风"麦莎"和"6·22"暴雨过程中出现谣言、引发公众情绪恐慌的教训，提前主动发声、加强科普解读，保证舆情平稳。

3.7　降　雪

3.7.1　降雪天气特征

北京地区冬季降水的主要形式是降雪，降雪的出现往往伴随低温、寒潮、大风等灾害天气，同时其造成的路面结冰会给交通带来巨大的影响，而且雪后的降温也会加重城市的供暖负荷。暴雪引发的灾害更加严重，所形成的深厚积雪往往造成交通中断、房屋倒塌、压折林木和农作物，给人民生命财产造成严重危害。

3.7.1.1 降雪基本特征

北京的降雪主要出现在每年 11 月至次年 3 月，每年降雪日数年际变化很大（图 3.67）。观象台常年平均降雪日数为 11.1 d，建站以来该站年降雪日数最多出现在 1957 年，达 32 d，而 1983 年和 2007 年最少，仅 3 d。

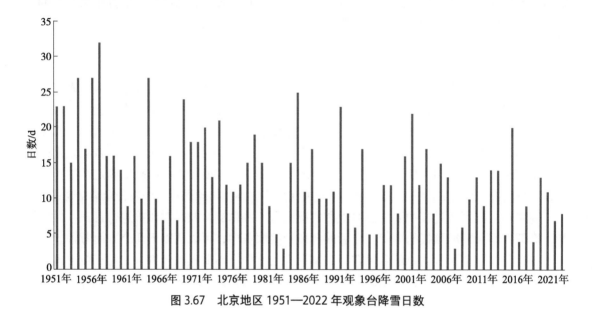

图 3.67 北京地区 1951—2022 年观象台降雪日数

3.7.1.2 初雪特征

北京地区初雪日是指北京市域内第一次出现较大范围降雪过程的日期。某年度初雪日的统计时段从当年 10 月 1 日至第二年 5 月 31 日止。满足以下 2 个条件之一的第一个降雪日定义为该年北京地区的初雪日：

（1）全市 20 个人工站中多于 10 个站点观测到有降雪现象；

（2）城区 5 站（朝阳、海淀、丰台、石景山、观象台）均观测到有降雪现象；或城区 5 站中的 3 个或以上站点观测到有降雪现象，且至少 1 个站降雪量≥0.1 mm。

从 2012—2022 年北京初雪个例来看，最早的初雪日出现在 2012 年 11 月 3—4 日，达到暴雪量级。最晚的初雪日出现在 2013—2014 年冬季，出现在 2014 年 2 月 6—7 日，为中雪量级，接近历史最晚初雪。由于是第一场降雪，北京 10 次初雪过程里有 5 次伴有雨雪相态转换，都出现在 11 月份。有 7 次达到中雪以上量级，达到中雪以上量级的天气形势有 5 次是受低涡低槽型和西来槽配合地面倒槽型天气系统影响。从分布特征来看，降雪明显区域多在南部和东部地区。

3.7.2　递进式服务要点

3.7.2.1　递进式服务流程

北京地区冬季降雪预报一直以来都是预报难点，尤其是对非典型降雪天气过程，降雪的出现对城市交通将造成较大的影响，初雪的预报受到各级政府部门和公众的广泛关注，尤其当气温处于临界值时，初雪伴随着相态转换，增加了预报难度。按照气象灾害演进及其防范应对进程顺序，降雪递进式气象服务分为"前期筹备、预报预测、风险提示、临灾预警、复盘总结"五个阶段，每个阶段需要开展的工作如图 3.68 所示。

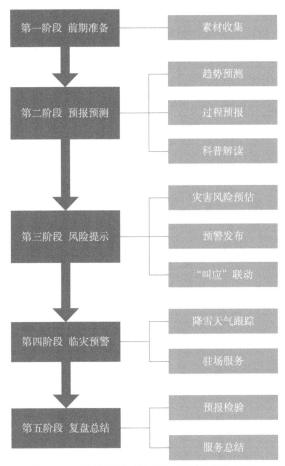

图 3.68　降雪递进式决策气象服务工作流程

（1）第一阶段：前期准备

降雪的准备工作主要是降雪决策气象服务过程中涉及的相关素材收集和整理，为降雪过程的天气会商、决策服务材料撰写、现场服务科普解读提供支撑，具体如下。

一是降雪成因分析，包括造成本次降雪过程的影响系统、冷空气强度、雨雪相态等。

二是概念模型和初雪个例库的建立，本次降雪过程是否初雪，降雪强度、降雪量在历史上是什么情况，需要收集降雪相似个例、初雪日的历史统计、初雪历史个例对比等，如表 3.12 为 2012—2023 年北京典型降雪个例。

表 3.12　北京地区 2012—2023 年典型降雪过程

过程	降水时段	持续时间	影响系统	降水相态及量级	备注
2012 年 "3·17"	17 日 17 时—18 日 06 时	13 h	500 hPa 西风槽、700 hPa 切变线；高压底部偏东风	小雨转中雪（局地暴雪）	18 日 00 时前后转为降雪，降雪持续时间约 6 h。全市中雪，城区大雪，局地暴雪。全市平均降水量 11.1 mm，城区 16.4 mm，最大降水量出现在平谷北寨，20.8 mm
2012 年 "11·4"	3 日 08 时—4 日 20 时	36 h	低涡地槽、地面倒槽	大雨转暴雪	相态复杂，最强降雪出现在 3 日夜间，大部分地区有暴雪。此过程为 2012—2013 年冬季初雪。全市平均降水量 56.1 mm，城区 62.0 mm，最大降水量出现在海淀凤凰岭，99.6 mm
2012 年 "12·13"	13 日 18 时—14 日 14 时	20 h	高空槽和偏南偏暖湿气流	大雪	纯雪。全市平均降水量 5.2 mm，城区 5.7 mm，最大降水量出现在朝阳本站，6.8 mm
2013 年 "3·19"	19 日 08 时—20 日 06 时	22 h	500 hPa 东北低涡、700 hPa 东切变线、850 hPa 切变线；地面高压底部	小雨转大雪（部分地区暴雪）	19 日 22 时前后城区转为纯雪，降雪持续时间约 8 h。延庆、昌平、顺义至城区的部分地区达暴雪。全市平均降水量 10.1 mm，城区 11.0 mm，最大降水量出现在昌平站，20.1 mm
2014 年 "2·7"	7 日 01 时—8 日 05 时	28 h	500 hPa 高空槽、700 hPa 切变线；地面倒槽、偏东风	中到大雪	纯雪，此过程为 2013—2014 年冬季初雪。全市平均降水量 4.2 mm，城区 5.4 mm，最大降水量出现在房山周口店，7.2 mm
2015 年 "2·20"	19 日 13 时—21 日 06 时	41 h	500 hPa 西风槽、700 hPa 低空切变线、低空急流	中到大雪	纯雪，持续时间较长，明显时段为 2 月 20 日早晨至上午和 20 日前半夜。全市平均降水量 5.9 mm，城区 6.5 mm，最大降水量出现在通州西集，10.1 mm
2015 年 "11·6"	5 日 08 时—7 日 06 时	46 h	高空槽、锋区、地面高压、底部偏东风配合倒槽	中雨转大雪（局地暴雪）	相态复杂，多次雨雪转换；6 日 08 时前后城区转为降雪。此过程为 2015—2016 年冬季初雪。全市平均降水量 18.8 mm，城区 16.8 mm，最大降水量出现在延庆西大庄科，39.9 mm
2015 年 "11·22"	22 日 04 时—23 日 06 时	26 h	高空槽、切变线、高压底、偏东风配合倒槽	大到暴雪	纯雪。全市平均降水量 8.8 mm，城区 9.7 mm，最大降水量出现在昌平居庸关，18.1 mm
2016 年 "11·21"	19 日 22 时—21 日 11 时	37 h	高空槽、切变线、地面冷锋	小雨转中雪	20 日 23 时前后城区转为纯雪，降雪持续时间约 10 h（平均降雪约 3 mm）。此过程为 2016—2017 年冬季初雪。全市平均降水量 7.3 mm，城区 7.5 mm，最大降水量出现在密云大城子，23.0 mm

续表

过程	降水时段	持续时间	影响系统	降水相态及量级	备注
2018年 "4·4"	4日13时—5日04时	15 h	低涡地槽、地面辐合区	小雨转大到暴雪	4日20时前后城区转为纯雪，降雪持续时间约8 h；全市超过1/3的站点达暴雪。清明节气（4月5日）北京出现全市性强降雪，历史罕见。全市平均降水量10.6 mm，城区10.8 mm，最大降水量出现在延庆四海，16.9 mm
2019年 "12·16"	15日19时—16日14时	19 h	高空槽、偏南暖湿气流	大雪	纯雪。全市平均降水量5.2 mm，城区4.7 mm，最大降水量出现在延庆大庄科，10.2 mm
2020年 "2·14"	14日00时—14日17时	17 h	冷空气和低层暖湿气流	中雨转中到大雪（东部暴雪）	14日08时前后平原地区转为降雪，降雪持续时间约9 h（平均降雪量7.5 mm）。14日20时20个国家级站中有14个站破冬季（12月至次年2月）最大降水量历史极值。全市平均降水量22.5 mm，城区26.5 mm，最大降水量出现在大兴魏善庄，38.3 mm
2020年 "11·21"	21日05时—21日15时	10 h	高空槽和切变线	中到大雪	纯雪，此过程为2020—2021年冬季初雪。全市冬季初雪。最大降水量出现在通州柴厂屯村，8.3 mm
2021年 "2·28"	28日03时—3月1日13时	34 h	高空槽，地面高压底部转倒槽	中雨转中雪	28日半夜前后平原地区转为降雪或雨夹雪，降雪主要在28日后半夜，持续时间约8 h。（1日上午南部小雪）全市平均降水量13.2 mm，城区16.3 mm，最大降水量出现在房山周口店，20.6 mm
2021年 "11·6"	5日21时—7日17时	44 h	冷涡，冷锋，暖湿气流	中雨转暴雪	6日18—20时平原大部分地区逐渐转为雪，降雪持续时间约22 h（平均降雪量11.9 mm）。此过程为2021—2022年冬季初雪。全市平均降水量23.1 mm，城区23.4 mm，最大降水量出现在房山南河，46.6 mm
2022年 "2·13"	13日02时—14日05时	27 h	东移高空槽和偏南暖湿气流	大雪、局地暴雪	纯雪，此场降雪恰逢北京冬奥会期间，对赛事造成一定影响。全市平均降水量5.9 mm，城区5.0 mm，最大降水量出现在昌平大岭沟，17.4 mm
2022年 "3·18"	18日10时至22时	12 h	高空槽和偏南暖湿气流	大到暴雪	纯雪。3月17日北京刚下过一场中雪，18日再次出现大到暴雪。全市平均降水量7.5 mm，城区7.5 mm，最大降水量出现在通州梨园，11.5 mm
2023年 "12·10"	10日19时—11日10时	15 h	高空槽和偏南暖湿气流	大雪	纯雪，此过程为2023—2024年冬季首场明显降雪。全市平均降水量5.9 mm，城区6.8 mm，最大降水量出现在房山蒲洼，10.3 mm
2023年 "12·13"	13日05时—15日08时	51 h	高空槽和偏南暖湿气流	大到暴雪	纯雪。降雪过后，接着寒潮和持续低温，对交通和能源供保造成较大压力。全市平均降水量8.3 mm，城区8.3 mm，最大降水量出现在海淀凤凰岭，14.7 mm

三是降雪带来的风险预估，对城市安全运行的影响，同时关注可能出现的低能见度、大风、持续低温等天气影响。

（2）第二阶段：预报预测

①趋势预测：预计未来 3～7 d，本地可能受到降雪影响时，通过未来一周预报、未来三天决策专报等常规气象服务产品，用定性的语言通报降雪过程及其影响。

②过程预报：对于可能出现的极端降雪影响，提前发布决策服务内参，为扫雪铲冰等重点关键部门留足预期。预计未来 1～2 d 可能受到降雪影响时，为所有委办局等决策服务用户发布决策服务材料，明确降雪起止时间、强度、相态变化、可能造成的影响。

③科普解读：视情况召开新闻发布会、撰写新闻通稿等，及时把降雪的成因、强度、影响时间、可能造成的影响向公众进行解读，避免引起恐慌和负面舆情。

（3）第三阶段：风险提示

①风险预估：预计未来 24 h 降雪可能致灾时，及时启动灾害风险预估服务，主要服务点为暴雪风险等级、影响时间段和影响区域，除了制作风险落区图外，防御指南中也需要明确风险的内容。如图 3.69 为 2023 年 12 月 10 日降雪过程风险预估。

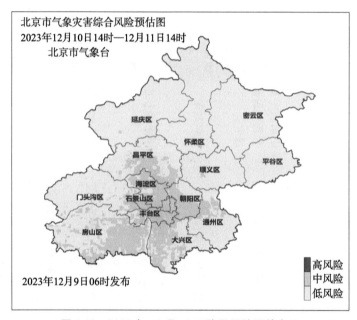

图 3.69　2023 年 12 月 10 日降雪风险预估产品

➤ 影响区域

中风险区域：西城区、东城区、朝阳区、海淀区、通州城市副中心、丰台区、石景山区、房山区东部和南部、大兴西部和南部、昌平南部，中风险影响区域面积约为 3275 km²。

低风险区域：其他区域，面积约为 13135 km²。

➤ 降雪影响

交通运输影响：部分路段将出现积雪或结冰，降雪期间能见度下降，易造成交通拥堵和事故，需特别加强对周日返城及周一早高峰交通的安全管理。

临时设施影响：积雪可能导致设施农业大棚、简易搭建物垮塌风险，建议及时清除棚顶积雪。

➤ 低温影响

能源保供：城市供热、供电、供气压力增大，建议提前做好能源调度和供应保障工作。

人体健康：近期流感高发，降温天气将造成感冒风险增加，提醒公众注意防寒保暖，做好健康防护。

②预警发布：按照北京预警信号发布业务标准，依据降雪气象灾害可能造成的危害程度、紧急程度和发展态势及时滚动发布道路结冰、暴雪、寒潮等相关预警信号，并指导各区发布分区预警信号。及时与市应急局等关键部门会商联动，做好与扫雪铲冰办公室、交通委的互动联动。

③"叫应"联动：根据气象防灾减灾实际需求，及时通过会商系统通报降雪天气及影响，通过电话、传真、微信等方式叫应本级党委政府有关领导和应急管理部门有关负责人。

（4）第四阶段：临灾预警

①雪情跟踪：密切关注北京及上游降雪的实况，滚动研判影响北京的时间，及时更新发布影响北京地区的时间和趋势等。北京地区降雪开始后，及时发布北京地区降雪实况、积雪深度等信息，视情况逐小时跟踪发布。

②驻场服务：视情况安排首席或气象服务人员到关键地区或重点决策部门开展驻场气象服务，主要任务是解读降雪天气过程，包括起止时间、主要影响时段、交通影响等。针对关键点位特殊气象服务需求，如首都功能核心区"两区一委"（东城区、西城区、天安门管委会），视情况安排首席驻场保障。

（5）第五阶段：复盘总结

①预报检验：从主观和客观的角度对降雪过程的预报情况进行评估，包括降雪预报预警提前量、量级预报情况等。

②服务总结：综合分析本次过程气象服务情况，包括降雪实况及特点、灾情、成因解读、预报检验、服务情况、经验与不足，探索改进措施。可以作为决策服务材料让决策者对重大过程有一个客观了解，并做好过程的存档。

3.7.2.2　降雪服务关注点

①关注 0℃层高度。北京初雪关注度高，雨雪相态转换复杂，需要重点关注降雪的相态问题。同等降水量的小雨，如果变为降雪将可能是大雪，甚至暴雪。因此，降雪初期需要密切关注相态变化。

②关注地面温度变化。加强对地面温度的判断，关注地面温度是否会低于 0℃，以及低于 0℃持续的时间，综合研判是否会出现积雪、结冰，甚至"地穿甲"现象。需要注意白天化雪以后夜间路面结冰现象，从而为扫雪铲冰的防御和调度提供支撑。

③关注降雪结束后冷空气。关注降雪结束后是否有冷空气跟进，做好无冷空气影响时的低能见度天气预报服务工作。

3.7.2.3 降雪防御指南

降雪天气过程带来的主要影响包括积雪、道路结冰、低能见度等对交通的影响，与此同时，降雪过程伴随的强降温、寒潮、大风对公众出行也会带来极大的影响。常用的防御指南如下：

①降雪天气的出现将导致路面湿滑，部分路段会出现道路结冰，且能见度下降，需重点防范对交通运行的不利影响，提前做好扫雪铲冰准备工作。

②××日白天最高气温明显下降，请相关部门做好能源调度和供应保障工作。天气阴冷，公众出行请注意防寒保暖，谨防感冒和心脑血管疾病。

③××日本市有雨雪天气且能见度较低、路面湿滑，交通安全风险较高，重点路段需加强安全管理。公众出行需注意交通安全，及时关注路况及高速路封闭信息。

④××日山区、××日夜间平原地区道面温度均在0℃以下，道路结冰风险较高，请相关部门做好扫雪铲冰工作。

3.7.3 2022年2月13日降雪

3.7.3.1 天气情况

受东移高空槽和低层偏东风共同影响，2月12日夜间至13日夜间京津冀地区开始出现降雪天气，北京地区出现大雪、局地暴雪。此次过程具有持续时间长、累计雪量大的特点。

持续时间长、累计雪量大。12日夜间京津冀地区开始出现降雪，北京地区降雪从13日02时开始，14日05时结束，持续共计27 h。全市大部分地区出现大雪，局地暴雪（图3.70），全市平均降雪量5.9 mm，城区平均5.0 mm，最大降雪量出现在昌平大岭沟，为17.4 mm，最大小时降雪量出现在延庆佛爷顶，13日11—12时降雪量为3.6 mm/h。全市大部地区积雪深度达5～12 cm，其中西部、北部地区降雪相对明显，局地积雪深度均超过10 cm。

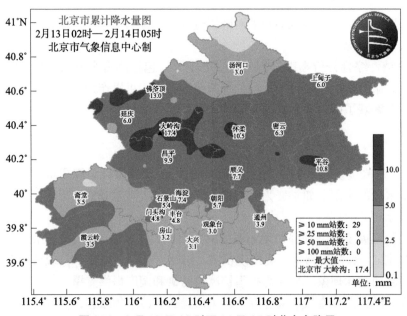

图3.70 2月13日02时至14日05时北京市降雪

降雪期间降温显著，能见度低。受冷空气影响，全市气温大幅下降，平原地区降温幅度达 8～11℃，南郊观象台 2 月 11 日白天最高气温 8.9℃，2 月 12 日和 13 日最高气温分别降至 1.0℃、−2.4℃。受降雪影响，13 日出现大雾，平原地区最低能见度 1 km 左右，延庆赛区能见度不足 500 m，局地低于 100 m。

降雪给城市安全运行和冬奥赛事造成影响。此次过程正值 2022 年北京冬奥会举办的关键时期，2 月 13 日降雪当天，原定共有北京赛区 5 项比赛，包括冰球预赛、冰壶比赛、短道速滑和速度滑冰项目，延庆赛区高山滑雪和雪车 2 项比赛受到影响。另外，13 日当天首钢滑雪大跳台虽无比赛，但是由于其为北京赛区唯一的室外场馆，降雪对室外观众座椅、赛道有不利影响。

3.7.3.2　气象成因分析

本次降雪天气过程由高空槽系统东移加深配合低层偏东风导致（图 3.71）。12 日 20 时 500 hPa 高空槽位于蒙古国西部，且有明显的冷暖平流配置，高空槽呈发展趋势。此时北京受槽前西南偏西气流控制；700 hPa 系统较 500 hPa 发展更为清晰；850 hPa 可见平直锋区自西向东贯穿中蒙边境，缓慢南压；同时，对应地面京津冀大部处于蒙古地区冷高压底部。探空图可见，850 hPa 以下均为偏东风控制，冷垫作用明显，850 hPa 附近存在明显逆温层；同时，整层温度在 0℃ 以下，降水相态为雪。13 日 02 时，南部地区地面偏东风发展强盛，降雪开始。13 日 08 时，高空槽东移加深，槽前加强的偏南气流及低层偏东风为降雪提供了有利的水汽条件，整层湿度明显增加，北京地区水汽输送条件充沛，从探空图可见，整层呈饱和状态，满足降雪天气的温度和水汽垂直分布特征，13 日白天为降雪最主要时段。同时，山前地形的抬升作用，为降雪提供更为有利的动力条件。至 13 日 20 时，500 hPa 高空槽过境，北京逐渐转为 700 hPa 系统后部偏北气流控制，至 500 hPa 系统整体移出北京之后，降雪过程于 13 日夜间结束。

3.7.3.3　气象服务情况

针对此次强降雪天气过程，8 日上午起组织中央气象台、河北省气象局开展降雪天气过程专题联合会商 5 次。重点关注降雪时间、累计雪量、积雪深度、降温和能见度等情况，提前 3 d 准确预报此次降雪量级和开始时间。2 月 9 日起发布供暖、交通、扫雪铲冰、机场、曹妃甸燃气海上运输线路等气象服务专报和天气警报共 23 期。12 日 05 时—15 日 14 时，全市 20 个国家级气象观测站针对天气现象、积雪深度和降雪量启动逐 3 h 加密观测，关键时段（12 日 20 时至 13 日 23 时）逐小时观测。为北京市委、市政府、相关委办局、冬奥前沿指挥部等决策部门提供《重要天气报告》《天气情况》《北京地区降雪量图表》和《积雪深度分布图》等决策材料 38 期。

根据气象预报预警信息，北京市应急委 13 日发布关于采取居家办公、弹性工作制和错峰上下班的通知，北京市城管委科学部署 4.5 万人次开展融雪和扫雪铲冰作业，并及时发布采暖季供热预警通知，保障做到"气温下降，室温不降"工作目标，首都机场、大兴机场为保障航班顺利出港提前部署除冰除雪力量，根据天气情况部分高速路段、公交线路、地铁采取封闭、停运和延长运行时间等措施。各区气象局及时做好面向辖区政府和相关部门的气象服务，提示积雪对临时搭建物、蔬菜大棚、园林树木的影响，避免因倒伏塌方造成人员伤亡

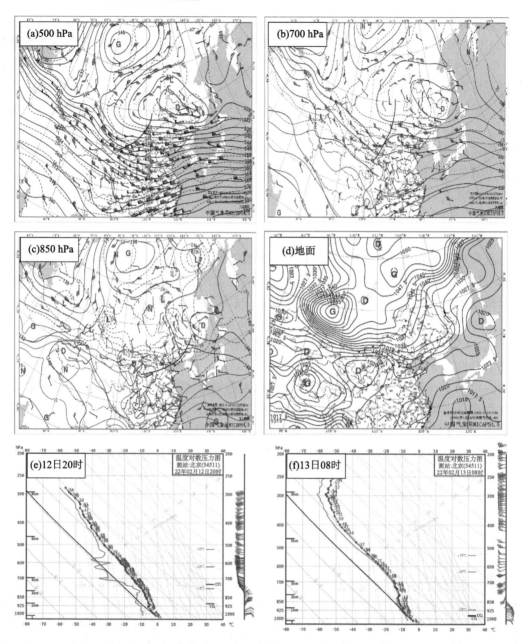

图 3.71　2022 年 2 月 12—13 日实况场分析（a.12 日 20 时 500 hPa；b. 12 日 20 时 700 hPa；c. 12 日 20 时 850 hPa；d. 13 日 02 时地面；e. 12 日 20 时 T-lnP 图；f. 13 日 08 时 T-lnP 图）

和财产损失。

　　本次强降雪天气恰逢冬奥赛期间，针对此次降雪过程，首钢现场气象服务团队提前 10 d "盯上" 该过程，提前 9 d 与会务方沟通，提示 2 月 13 日可能出现降雪。随着时间临近，降水相态和量级更加明确，2 月 9 日提示 12—13 日有明显降雪天气，雪量可能超过 5 mm。基于前期预报，2 月 10 日冬奥组委会体育部召开首钢大跳台气象服务专题会，部署应对安排。为了应对降雪，场馆及时对观众座椅进行防雪覆盖，同时二次塑形专家也开始筹备赛道除雪、压雪等的应对准备。在服务保障过程中，为了便于国外团队理解，将降雪量预报调整为积雪深度表述，预报积雪深度将达到 6～10 cm，实况雪深 8 cm 左右，准确的预报使得场馆运行应对更具针对性。13 日白天降雪开始，及时跟进实况，准确预报降雪将在 21 时后减弱结束，为二次塑形专家整理雪道的时间安排提供参考。

3.7.3.4　小结与讨论

本次降雪天气过程属于北京地区典型的大雪形势，高空槽及偏东风的系统配合，加之山区的地形抬升作用，形成了有利的动力及水汽条件。预报关键点是对高空槽东移加深、低空偏南气流与边界层偏东风叠置、地形增幅作用的综合分析判断。预报检验显示，提前 9 d 准确预报降雪天气过程，提前 2 d 发布降雪时段、量级及分布的精细化预报，降雪量级、起止时间、降温幅度均与实况吻合。对暴雪预警信号进行不分级检验，预警信号的准确率（TS评分）为 88%，预警信号时间提前量丰台最长为 1079 min，其次是密云和顺义，分别为1053 min 和 1052 min，所有正确预警的时间提前量平均为 976 min。

此次强降雪天气的预报准确，服务及时精细，受到各级领导高度表扬认可。中国气象局领导多次指导此次降雪天气过程的气象服务保障工作，充分肯定北京市气象局在应对此次极端天气过程的预报服务工作。北京冬奥组委副主席在 2 月 13 日举行的北京冬奥会每日例行发布会上提出 5 个一流："一流的竞赛场馆、一流的世界顶级运动员、一流的竞赛组织运行、一流的气象服务保障和一流的医疗救治服务"，对气象部门为此次降雪过程预报服务工作作出了高度评价。

3.8　沙尘天气

3.8.1　沙尘天气特征

3.8.1.1　沙尘天气等级及形成条件

依据沙尘暴天气等级分级标准，沙尘天气依次分为浮尘、扬沙、沙尘暴、强沙尘暴和特强沙尘暴五个等级。具体规定如下。

浮尘是指当天气条件为无风或平均风速≤3.0 m/s 时，沙粒和尘土飘浮在空中，使空气变得混浊，使水平能见度小于 10 km 的天气现象。浮尘一般出现在大风初期或前期，通常范围较广。

扬沙是指风将地面尘沙吹起，使空气相当混浊，水平能见度在 1～10 km 的天气现象。扬沙一般只局地或部分地区出现，伴随大风。

沙尘暴是指强风将地面尘沙吹起，使空气很混浊，水平能见度小于 1 km 的天气现象。

强沙尘暴是指大风将地面尘沙吹起，使空气非常混浊，水平能见度小于 500 m 的天气现象。

特强沙尘暴，狂风将地面尘沙吹起，使空气特别混浊，水平能见度小于 50 m 的天气现象。

沙尘形成的三个基本条件为沙尘源、大风和不稳定的大气层结，这三个基本条件是沙尘天气分析、预报思路和技术方法的建立、总结研究的基础，也是核心和要点。沙尘形成和传输机制显示（图 3.72）：气温偏高，干旱少雨的气候特点可以造成土质疏松，为沙尘天气的形成提供了有利的沙源条件。沙源地附近有天气系统发展，或者大气受热不均产生不稳定的层结，会有利于空气对流发展和上下动量、能量的交换，使得沙尘粒子往高层输送，在高层西风气流作用下往下游输送，产生较大范围的沙尘天气。其他影响因素还有气候背景、地貌特征、季节变化和大气环流条件等。

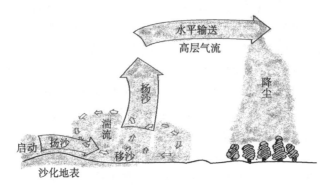

图 3.72　沙尘形成及传输机制

3.8.1.2　北京沙尘天气日数

北京处于蒙古国和我国内蒙古地区沙尘源地的下风方，受外来沙尘的影响也较多，主要是以扬沙为主，其次是浮尘，沙尘暴天气较少。统计发现（图 3.73），20 世纪 50—70 年代，北京沙尘日数相对较多；90 年代以后沙尘的减少趋势比较明显，2001 年和 2006 年相对增多一些后又呈现明显减少趋势。沙尘暴自 2000 年后基本没有出现，近年只有 2015 年、2021 年各出现 1 次，2023 年出现 2 次。北京观象台常年平均沙尘日数为 6.3 d，最多为 89 d（1954 年），2000 年以来最多 23 d（2002 年）。

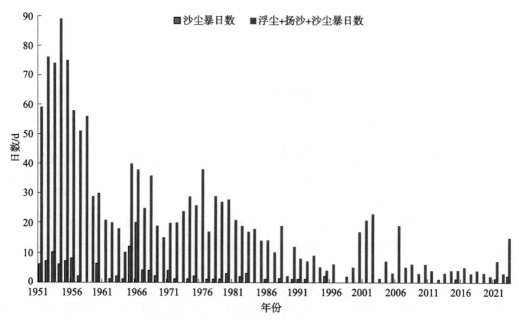

图 3.73　1951—2023 年北京观象台沙尘日数及沙尘暴日数

3.8.1.3　沙尘天气路径

影响我国的沙尘源地主要在北方地区。统计发现，影响华北及北京地区的沙尘主要有偏北、西北和偏西三种路径，如图 3.74 所示：

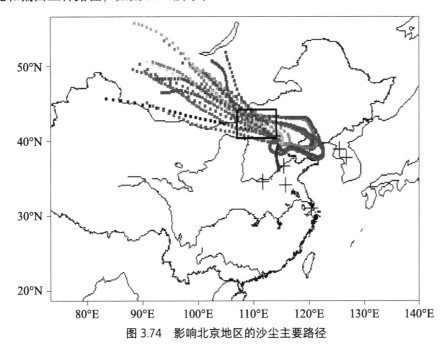

图 3.74　影响北京地区的沙尘主要路径

一是偏北路径的冷空气来自极地气团或变性气团，从贝加尔湖、蒙古国南下，途经我国内蒙古浑善达克沙地一带，经由河北黑河河谷而影响北京地区。

二是西北路径的冷空气源于北冰洋冷气团，强冷空气自西西伯利亚进入我国北疆，甘肃、蒙古国西部经我国内蒙古中部进入京津冀地区，冷锋自西向东快速移动，途经腾格里沙漠、毛乌素沙地、黄土高原，由张家口、河北洋河河谷而影响北京地区。

三是偏西路径的冷空气从中亚翻越帕米尔高原进入南疆西部，途经巴丹吉林沙漠、乌兰布和沙漠、库布齐沙漠，由河北桑干河地区，沿永定河谷而影响北京地区。

3.8.2　递进式服务要点

3.8.2.1　递进式服务流程

按照气象灾害演进及其防范应对进程顺序，沙尘递进式气象服务分为"前期筹备、预报预测、风险提示、临灾预警、复盘总结"五个阶段，每个阶段需要开展的工作如图 3.75 所示。

（1）第一阶段：前期准备

沙尘天气的前期准备工作主要是沙尘气象服务过程中涉及的有关上游沙尘源地气候背景、大气环流条件等的统计分析，为天气会商、决策材料撰写、科普解读等对决策服务部门提供支撑。一是关注境外的沙源地的地表的植被、积雪、气温、降水等因素。二是分析

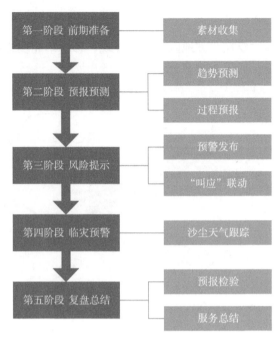

图 3.75 沙尘递进式决策气象服务工作流程

上游沙尘源地的气候背景，季节变化等。三是历年典型个例对比分析，沙尘造成的危害风险等。

（2）第二阶段：预报预测

①趋势预测：预计未来 3～7 d，本地可能受到沙尘影响时，通过未来一周预报、未来 3 d 决策专报等常规气象服务产品，用定性的语言通报冷空气、大风、可能沙尘过程来预报沙尘过程。

沙尘影响前，密切关注天气系统移动路径，风力大小：影响沙尘的天气系统一般为冷锋、蒙古气旋等尺度较大的天气系统，可结合全球模式，滚动跟踪系统演变、稳定性；从近些年的监测来看，本地沙源地起沙的概率大大降低，因此需关注境外的沙源地的地表植被、积雪、气温、降水等因素。需密切关注上游沙尘源地的起沙情况、前期沙尘源区及下游地区的热力条件（即沙尘区气温升幅一般在 10℃以上，若升温幅度超过 15℃，则发生强沙尘的可能性更大）。

②过程预报：预计未来 1～3 d，本地可能受到沙尘影响时，通过日常决策专报、沙尘专报通报是否会影响北京，并滚动更新相关决策材料，不断精细化预报要素，比如开始影响时间、影响的范围、持续时间，影响的程度，发布什么级别的预警，尽早发布预警信号，可以给决策部门响应时间，以便及时准确采取应对措施。

及时发布沙尘专报、适时发布预警信号：天气系统发展和移动直接影响沙尘的强度及影响范围，服务过程中需密切关注系统移动路径、锋面强度、不稳定层结（高低空温差），一般认为，发生沙尘时高低空温差（500～850 hPa）一般在 25℃以上，若温差超过 30℃，则发生较强沙尘的可能性更大等。

③科普解读：视情况召开新闻发布会、撰写新闻通稿等，及时把沙尘的成因、强度和影

响时间向公众进行解读，避免引起恐慌和负面舆情。

（3）第三阶段：风险提示

①预警发布：按照北京预警信号发布业务标准，依据沙尘气象灾害可能造成的危害程度、发展态势及时发布沙尘预警信号，并指导各区发布预警信号。并根据天气系统演变升级发布高级别预警信号。

②"叫应"联动：根据气象防灾减灾实际需求，当预报可能有沙尘大风影响时，及时通过电话、传真、微信等方式提前通知防沙办、园林绿化局等相关单位和领导。当本地受沙尘影响时，及时滚动更新沙尘专报，并叫应有关领导和防沙办和政府管理部门有关负责人。

（4）第四阶段：临灾预警

沙尘影响中，及时更新实况信息：及时发布上游地区及北京地区的实况信息，提供重点区域精细化预报，为决策部门科学合理的调度提供有力的支撑。

（5）第五阶段：复盘总结

①预报检验：从主观和客观的角度对沙尘过程的预报情况进行评估，包括沙尘路径及强度、沙尘预警提前量、量级预报情况等。

②服务总结：综合分析本次过程气象服务情况，包括沙尘实况及特点、灾情、成因解读、预报检验、服务情况、经验与不足，探索改进措施。可以作为决策服务材料，让决策者对重大过程有一个客观了解，并做好过程的存档。

3.8.2.2　沙尘服务关注点

①关注上游地区干旱情况。沙尘灾害涉及范围主要在蒙古国，我国新疆、甘肃、宁夏、陕西、山西、内蒙古、河北及北京等北方地区，关注上游地区前期降雨（雪）情况、积雪覆盖、气温变化等分析。

②关注上游沙尘源地的起沙情况、前期沙尘源区及下游地区的热力条件；关注天气系统移动路径，锋面强度、不稳定层结（高低空温差）、风力大小等。

③关注沙尘回流情况。沙尘影响范围广，可以涉及我国北方大部分地区，还可以扩展至南方各省，有时还会漂洋过海影响台湾等地。当沙尘吹到下游之后，需要关注是否会出现偏南风或者东南风，导致沙尘回流。

④北京地区沙尘（暴）预报着眼点：

一是前期沙尘源区及下游地区的热力条件，即沙尘区气温升幅一般在 10℃ 以上，若升温幅度超过 15℃，则发生强沙尘的可能性更大。

二是亚洲中高纬度环流径向度较大，大量冷空气在贝加尔湖一带堆积，形成冷槽和强锋区，冷平流明显，有利于槽在东移过程中不断加深发展。

三是地面系统特别是地面气旋发展成熟，不但要有闭合中心，并且气旋中心气压要降到 1000 hPa 及以下。

四是高低空温差也可作为不稳地层结的条件，分析表明，发生沙尘时高低空温差（500～850 hPa）一般在 25℃ 以上，若温差超过 30℃，则发生较强沙尘的可能性更大。

五是冷平流的强度及其梯度差异是决定沙尘天气移动路径和影响范围的重要原因。同时，变压正负差异和正变压中心的位置，也会影响到沙尘天气的移动和扩散。

3.8.2.3 沙尘防御指南

沙尘常用的防御指南包括如下。

①沙尘天气影响期间，老人儿童及患有呼吸道过敏性疾病人员尽量减少外出，户外活动需戴好口罩，做好防护。

②需要关注沙尘天气对交通、农牧业，高空作业、施工等的影响。

3.8.3 2023年"3·22"沙尘暴

3.8.3.1 天气情况

受蒙古气旋及其后部冷空气影响，2023年3月21—23日我国北方地区出现了大范围强沙尘天气。北京地区于22日凌晨出现沙尘暴和大风，能见度明显下降，最低能见度不足500 m（图3.76），PM_{10}浓度2000～3000 μg/m³，达到沙尘暴级别；10时前后能见度升至3～5 km，下午能见度进一步好转，入夜后逐渐升至10 km以上。此次过程持续时间较长，强沙尘时段为22日凌晨至傍晚（03时至18时），持续时间超过15小时。

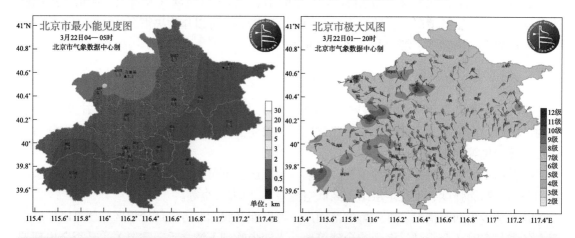

图3.76 2023年3月22日北京地区最小能见度图、极大风图和场景图

3.8.3.2　气候背景及天气形势

2023 年 2 月下旬至 3 月中旬蒙古国和我国西北地区沙源地气温显著偏高，降水偏少，地表基本无积雪覆盖。我国大部分地区平均气温较常年同期偏高 4℃以上，其中新疆、内蒙古中部等地气温偏高 6℃以上。同时降水偏少，华北大部地区降水偏少 8 成以上。沙源地降水异常偏少且气温异常偏高，导致北方沙源地快速解冻，下垫面干燥，沙源地气候异常导致沙尘天气频发。

2023 年 3 月 22 日强沙尘天气是气旋及其锋面影响的一次天气过程。从天气图看（图 3.77），冷空气沿西北路径南下，高空槽平直，温度槽落后于高度槽，槽后有冷平流，气旋中心强度较强，中心强度达到 990 hPa，位置偏北。随着气旋发展东移，华北大部转为锋面控制，气旋及其配合的地面锋面形成较强的系统性上升运动，使得上游蒙古国戈壁至我国内蒙古沙地的沙尘卷扬至空中，随着锋面的东移南下，内蒙古中西部出现沙尘暴，局地强沙尘暴天气，随着上游沙尘输送及本地大风扬沙的共同影响，22 日凌晨开始影响北京地区，导致北京地区出现沙尘暴天气。

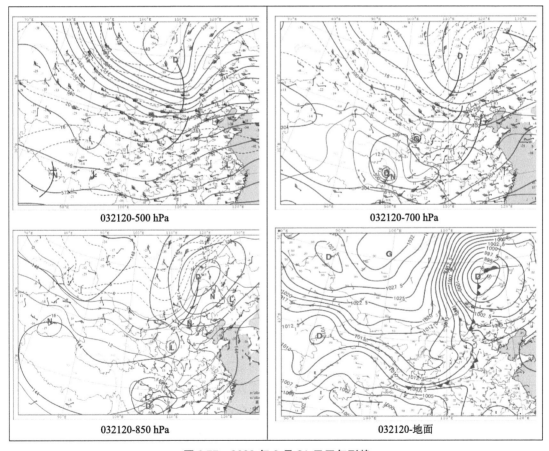

032120-500 hPa　　032120-700 hPa

032120-850 hPa　　032120-地面

图 3.77　2023 年 3 月 21 日天气形势

3.8.3.3　气象服务回顾

本次沙尘天气过程的形成是多方面因素结合的结果。3 月上中旬内蒙古西部沙源地气温偏高、降水偏少，土壤缺墒，为起沙提供了较好的物质条件；其次是冷锋前部偏北大风区，阵风风力达到 7～8 级，局地 9 级以上，为沙源地起沙提供了充足的动力条件。

针对沙尘天气，北京市气象台提早发声，及时预警，加强与中央气象台专题会商，并加强与北京市应急局、北京市生态环境局、北京市园林绿化局的联动。21 日 16 时 50 分发布沙尘蓝色预警信号。22 日 05 时 40 分升级发布沙尘暴黄色预警信号，此次预警时效提前 12 h。同时依据《北京市沙尘暴天气应急工作预案（2022 年修订）》，及时启动响应应对措施。向决策部门报送《重要天气报告》《天气情况》；同时向决策用户逐小时滚动更新实况信息，为北京市政府相关指挥部防范应对高影响天气、森林防灭火等工作提供有效决策支撑；及时向公众发布新闻通稿，接受媒体采访；通过微博、微信等全媒体多渠道提前发布大风沙尘预报预警，加强实况、科普信息跟踪发布。

3.8.3.4 小结与讨论

从近些年的监测来看，本地沙源地起沙的概率大大降低，因此，需关注境外沙源地前期气温、降水实况，沙源地地表的植被、积雪覆盖情况，以及天气系统的强度等。当上游有蒙古气旋发展时，需加强上游地区前期气象条件的分析，进一步研判沙尘天气发生的可能性。同时，沙尘天气的形成机制较为复杂，监测预警仍要强化，因此，需要继续深化对沙尘等春季高影响天气成因机理、预报难点和影响等的分析研究，不断提升高影响天气预报服务精细化水平和针对性。另外，还需要加强卫星遥感等先进技术的应用，提高沙尘预报预警能力。

3.9 "弱天气、高影响"事件

3.9.1 地质灾害概况

地质灾害隐患点分布受地质灾害条件复杂、断裂构造发育、降水时空分布不均匀等自然条件及人类活动的影响。北京是地质灾害较严重的城市之一，具有灾种多、活动频繁、群发性强的特征。受自然环境条件的制约及城市化快速发展的影响，北京的地质灾害发育和环境问题日益恶化。北京市地区突发地质灾害主要集中在西部和北部山区（图 3.78），具有点多、面广等特征。据统计，北京地区崩塌灾害占地质灾害总数的 80%，接近 90% 的崩塌灾害出现在汛期期间。

北京市每年汛前都会对地质灾害隐患点进行普查，并于汛前通过新闻发布会等方式对公众发布。近年来北京地区地质灾害隐患点数量仍不断增加，2023 年汛前已达到 8000 余处（图 3.79）。近两年出现陡增趋势，这是由于增加了山区道路沿线路段的普查。截至 2023 年

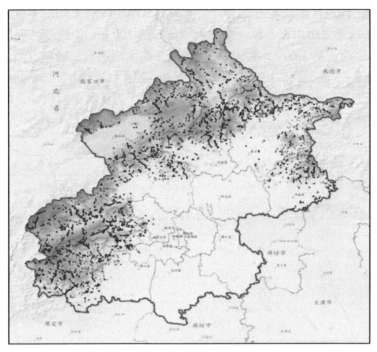

图 3.78　北京地区地质灾害隐患点空间分布

汛前,北京突发地质灾害隐患点 8532 处。按类型划分,崩塌 7419 处,滑坡 159 处,泥石流 849 处,采空塌陷 105 处。其中,崩塌灾害隐患点占比最高,约 87%。

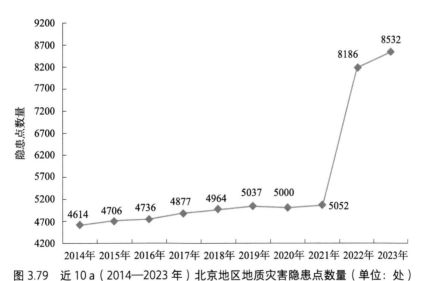

图 3.79　近 10 a(2014—2023 年)北京地区地质灾害隐患点数量(单位:处)

3.9.2　地质灾害服务关注点

3.9.2.1　地质灾害预警难点

2017 年 6 月 18 日 14 时许,受到上游河北怀来县孙庄子乡麻黄峪村一带突降局地特大暴雨的影响，门头沟地区出现泥石流事件。上游的降雨历时约 1.5 h，最大小时雨强约 100 mm/h，致使石羊沟暴发山洪泥石流，最大洪峰流量约 190 m³/s，流经北京市斋堂镇沿河口村，最终汇入永定河（图 3.80）。该地区山高坡陡，洪水流速大，破坏力强，造成沿河口村受灾，致 5 人遇难，1 人失联。由于对流局地性强、雨强大，而山区自动站相对稀疏，无法精准观测到强降雨，给预报预警带来巨大困难。图 3.81 为受灾事故现场，以及受灾点周边的地形地貌情况。

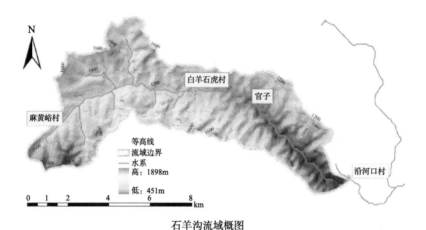

石羊沟流域概图

图 3.80　门头沟石羊沟流域及地势地貌图

图 3.81　2017 年门头沟"6·18"泥石流事故现场

本次山洪泥石流事件主要是由于在北京上游地区局地出现了较强降雨，导致其下游北京门头沟山区出现灾情，造成人员伤亡。北京和河北气象、水文部门监测站的降水实况却不大。位于平原地区的雷达观测到的回波也不能反映深山区降雨实际强度，再一次说明山区灾害性天气监测存在明显盲区，是北京防汛安全的重大隐患。气象部门将进一步加强与上游地区联防联控，共同提高灾害监测预警能力，做好灾害性天气预报服务工作。

本次事件后，北京市加强京津冀交界区、山洪沟等隐患点监测站网建设。门头沟自动站从 2017 年 32 个增加至 60 个；同时，增加小雷达观测，目前站网运行 7 部 X 波段雷达 ＋2 部 S 波段共 9 部双偏振雷达组网，实现三维立体观测，进一步提高山区气象监测预报预警能力。

3.9.2.2　地质灾害防御关注点

（1）重点关注西部、北部山区：北京地质灾害隐患点主要集中在西部、北部山区，需要重点关注山区隐患点周边地质灾害发生的风险。

（2）关注强降雨叠加风险：关注前期降雨的影响，特别是降雨偏多，长时间浸泡，加上高温暴晒的作用，后续再遇到降雨，哪怕是小雨都可能会引发崩塌等地质灾害，如 2018 年"8·11"房山崩塌事件。

3.9.3　2018 年房山"8·11"崩塌

2018 年房山"8·11"崩塌，由于提前采取了措施，避免了人员伤亡，是一次成功的案例。发生崩塌时，降雨并不明显。地质灾害往往具有滞后性，气象服务过程中需要关注前期降雨导致土壤墒情恶化情况，每次降雨过程结束后仍是地质灾害高风险时段。

3.9.3.1　事件回顾

2018 年 8 月 11 日，北京市房山区大安山乡军红路 K19+300 处出现较大规模山体崩塌地质灾害事件（以下简称"8·11"事件），塌方量约 3 万 m^3，路面和路基受损长度达 80 m，群防群策员提前 10 min 拦挡车辆和行人，避免了人员伤亡及车辆受损。

事件发生地离霞云岭站较接近（图 3.82），可以作为分析的代表站。此次崩塌事发地附近为地质灾害隐患点密集区，尽管事件前后降雨并不明显（图 3.83），周边分布的岩石类型主要是碳酸盐岩类的白云岩和石灰岩，抗风化能力相对较弱。根据防汛抗旱指挥部发布的汛

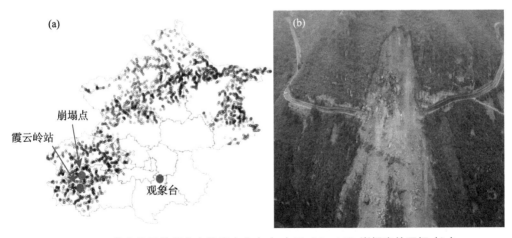

图 3.82　北京地区地质灾害隐患点分布（a）及"8·11"崩塌事件现场（b）

（图 a 中红色实点所在位置即为崩塌点）

情通报，崩塌处海拔高度约 500 m，山体坡度在 80°～90°。崩塌使得道路双向阻塞，由于提前发现险情隐患，及时采取封闭措施，未造成人员伤亡和车辆损失。

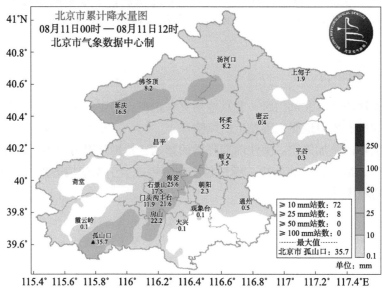

图 3.83　2018 年 8 月 11 日 00 时至 12 时北京地区累计降雨量

3.9.3.2　气象成因分析

受到 La Nina 事件、印度洋偏冷海温、高原积雪偏少的共同影响，2018 年亚洲季风总体偏强，使得副高偏强、偏西、且异常偏北。副热带高压从 7 月开始明显地西伸北抬，7 月 10 日副高脊点已经位于北纬 30°N 附近（图 3.84a）。7 月 15 日副高脊点进一步北抬至北纬 35°N，北京处在副高的边缘（图 3.84b）。副高的稳定维持使得其外围的暖湿气流和南下的冷空气在华北地区交绥，使得北京地区从 7 月 15 日夜间开始出现了历时 58 h 的强降雨，其中密云区出现特大暴雨（351.3 mm），房山区为大暴雨（224 mm）。随着 588 dagpm 线进一步西伸北抬，7 月 27 日开始北京转为受到副高内部下沉气流的控制，出现了持续性的高温闷热天气，至 7 月 30 日副高脊点最北可以达到内蒙古西部（图 3.84c）。北京地区从 7 月 27 日至 8 月 5 日均处在 588 dagpm 线以内，持续时间达到 10 d，且华北局部地区强度在 592 线的控制，实属罕见。

造成"8·11"崩塌事件的气象成因主要有三方面：

一是前期累计降雨作用。受副高异常偏强的影响，北京地区入汛以来出现多场范围较大的强降雨。截至 8 月 10 日，北京地区累计降雨量分布出现了两个极值中心（图 3.85a）。一个位于密云东北部，最大值出现在密云西白莲峪，为 820.7 mm；另一个位于房山西部，最大值出现在房山霞云岭站。崩塌地刚好处在房山西部的降雨极值中心附近，离霞云岭约 10 km。从图 3.85b 单站降雨量分析看，入汛以来观象台累计降雨量 386.5 mm，比常年同期偏多 26.6%；房山霞云岭气象站累计降雨量 576.6 mm，比常年同期偏多 61.7%。霞云岭站分别在 7 月 16 日、7 月 22 日和 8 月 6 日观测到日降雨量超过 100 mm 的强降雨过程，特别是 7 月 13 日到 7 月 27 日出现了持续性的强降雨。

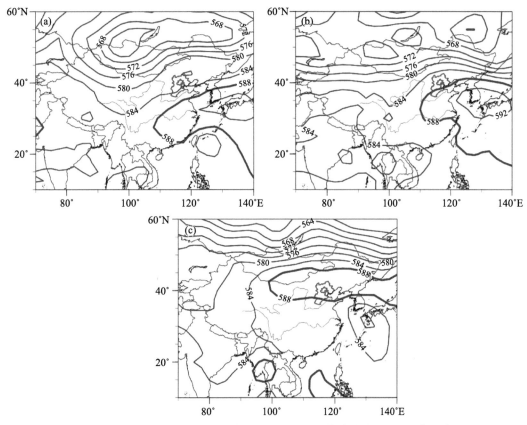

图 3.84 "8·11"崩塌事件前期 500 hPa 位势高度（单位：dagpm）分布
（a. 2018 年 7 月 10 日 08 时，b. 2018 年 7 月 15 日 08 时，c. 2018 年 7 月 30 日 08 时）

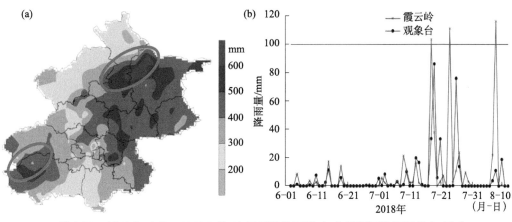

图 3.85 2018 年 6 月 1 日至 8 月 10 日累计降雨量（a）及逐日降雨量分布（b）

　　二是气温累积效应。截至 8 月 10 日，北京地区出现日最高气温超过 35 ℃的高温日 20 d，比常年同期 7.6 d 明显偏多；闷热日数达到 17 d，为历史同期最多（图 3.86）。特别地，7 月 27 日开始华北地区转为受副高内部下沉气流的控制，使得北京地区 7 月 30 日至 8 月 5 日出现了持续高温闷热天气。前期持续性强降雨之后紧接着出现持续性高温天气"烘焙"作用，导致土壤墒情极度恶化，热胀冷缩作用使得岩石开裂，山区土质更为疏松，部分危岩破碎程度增加，为崩塌事件的发生孕育了非常有利的气象条件。

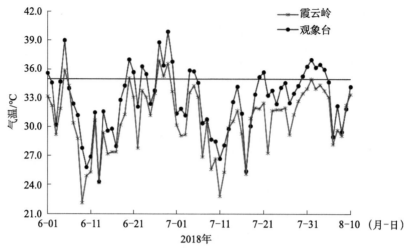

图 3.86　2018 年 6 月 1 日—8 月 10 日观象台和霞云岭气象站逐日最高气温

　　三是崩塌点周边出现降雨。雷达监测显示，8 月 11 日 03 时降雨回波仍在华北南部地区（图 3.87a）。随着高空槽的靠近，系统前部不断激发出局地对流单体影响房山南部地区（图 3.87b）。降雨开始时，对流系统结构较为松散，此后降雨回波不断合并，并沿着与山脉平行的东北方向移动（图 3.87c）。图 3.87d 和图 3.87e 显示，降雨回波在 04—05 时达到最强，中心强度接近 60 dBZ。从反射率因子的整层结构来看（图略），最强回波中心高度较低，在 5 km 以下，预示着降雨效率较高，主要表现为短时强降水。由于整层不稳定能量条件较好，加上低层东南气流与北京西南部山区地形的相互作用，使得房山区出现强降水天气。自动气象站观测数据显示，04 时和 05 时房山地区多个自动气象站观测到 1 小时降雨量 20 mm 以上的短时强降水，其中最大小时雨强出现在房山黄山店，04—05 时降雨量为 24.5 mm。

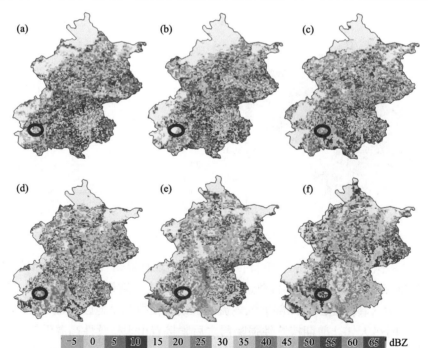

图 3.87　2018 年 8 月 11 日雷达反射率因子演变（圆圈处为事发地）
（a.11 日 03：00，b.11 日 03：30，c.11 日 04：00，d.11 日 04：30，e.11 日 05：00，f.11 日 05：30）

3.9.3.3　气象服务回顾

"8·11"决策气象服务总体可以分为三个阶段（图 3.88）：

第一阶段为汛前气候预测和汛期工作筹备阶段；房山区气象局把气候预测结论反馈给相关责任部门，并多次组织区防汛负责人、地质灾害群测群防员开展气象知识培训，完善气象决策信息发布渠道，彻底打通"最后一公里"。

第二阶段为决策部门高效联防联控阶段；市气象台组织军地气象部门联合会商，发布《重要天气报告》等决策材料，并指导房山区气象台发布决策服务产品；全市各级防汛部门立即着手地质灾害隐患点排查和群众转移等应对工作。

第三阶段为中尺度监测预警阶段；市、区两级气象部门加强监测，适时发布预报预警信息，指导地质灾害防御工作；群测群防员提前 10 min 发现落石，采取系列措施，避免了灾害事件的发生。此次崩塌事件的监测预警过程中，"睿图"区域模式和智能网格预报产品对降雨起止时间、落区预报与实况基本吻合，X 波段组网雷达为监测局地短时强降水落区发挥了重要作用。

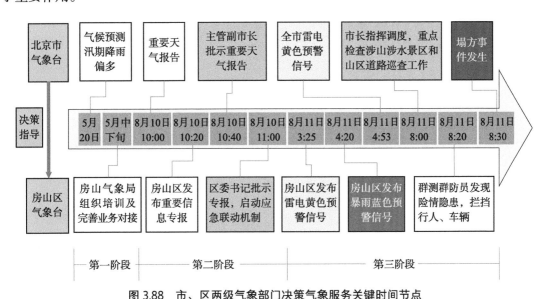

图 3.88　市、区两级气象部门决策气象服务关键时间节点

3.9.3.4　小结与讨论

气象成因分析表明，北京地区降雨和高温日数比常年同期明显偏多，为本次崩塌事件的发生孕育了非常有利的气象条件。持续性强降雨引发的长期渗透作用使得深层土壤含水量增加并稳定维持；高温天气的"烘焙"效应对崩塌灾害的作用不容忽视。

"8·11"山体崩塌事件发生的气象背景是副高异常偏强、偏西且偏北，导致了北京地区入汛以来交替出现持续性强降雨和高温天气，为崩塌事件的发生孕育了非常有利的气象条件。当气象条件的累积效应造成的地质灾害风险较高时，后期需要关注短期降雨的发生。由于响应及时、处置得当，避免了人员伤亡和重大灾情的发生。《环球时报》发表题为"看谁还不把北京市发布的预警当回事"文章，中国天气频道、北京知道等纷纷报道。气象服务工作得到了各级领导肯定，防灾减灾和政府应急联动机制取得良好的社会效应和减灾效益，公众普遍评价较好。

北京地区近年来地质灾害事件不断增加，一方面是由于全球气候变化背景下强降雨、极端高温等异常天气事件增多，山区岩石性质形态也在逐步发生变化。另一方面则是由于城市化进程的加快，人口的不断增加使得人类活动的范围逐步扩展到山区。下一步，还需要更为深入地开展变温、变湿等热湿循环效应的影响，加强地质灾害隐患点普查和风险预警技术的研究，进一步提高地质气象灾害风险预警能力。

第 4 章
城市决策服务及重大活动保障

气象条件影响着城市安全运行的方方面面，城市安全运行对决策气象服务的要求不断提高，气象服务的领域也在不断拓展。本章介绍了城市决策气象服务开展情况，包括城市运行保障、城市气候服务、风险预估及重大活动等，为提高决策气象服务专业化水平拓展思路。

4.1 城市安全运行

4.1.1 防汛气象服务

北京的汛期一般是从每年的 6 月 1 日至 9 月 15 日，遇到高影响天气还可能提前或者延后。防汛气象服务是全年城市气象保障的重中之重，为了更好发挥气象信息在防灾减灾中的效用，北京气象工作者在长期实践中，建立了与决策部门全方位的联动机制，气象信息以各种方式融入城市安全运行，科学指导防汛应急决策。

4.1.1.1 会商联动机制

为了进一步帮助决策部门掌握高影响天气的发展态势、极端性和不确定性，气象部门与决策部门建立了会商联动机制：

一是日常天气会商机制。汛期，北京市应急局、市水务局等相关委办局每天参加全国天气会商、北京地区天气会商，实时掌握天气形势的发展变化，以及天气的极端性、不确定性等，提高防汛调度的预见性和科学性。

二是高影响天气通报机制。北京地区可能出现强降雨、降雪、大风等高影响天气时，全市应急部门提前启动全网会商，首先由气象部门全网通报天气情况，指挥部再对全市城市安全运行保障部门进行工作部署。

三是即时会商机制。天气会商室保持与市应急局值班室的视频在线，气象部门只要发现天气异常变化，第一时间告知应急部门采取措施，无差别地在线办公保障了突发天气叫应的及时性。

气象部门构建了智能决策指挥系统（决策版 VIPS），气象信息直达应急指挥大厅，为城市运行管理、交通安全、能源调度、森林防火、扫雪铲冰、污染防治等提供决策支撑。以夏季防汛为例，气象信息全面融入"1+7+5+16+N"（即：北京市防汛抗旱指挥部，以及相应的 7 个专项分指挥部，5 个流域分指挥部，16 个区级分指挥部和 N 个社会单位、行业组织、基层网格员、安全员、信息员等）防汛应急指挥体系，第一时间覆盖到达基层"最后一公里"。

4.1.1.2 联合预警发布

一是气象预警信号发布。依据气象灾害可能造成的危害程度、紧急程度和发展态势，及时发布气象预警信号。其中，蓝色、黄色预警信号的发布由气象部门自行审批。考虑到橙色、红色高级别预警信号一旦发布，社会影响面比较大，全市各部门均要根据标准响应联动，发布前由气象部门通过市应急办报相关市领导审批。

二是气象部门与相关委办局联合发布预警信号。综合考虑不利气象条件影响的风险，气象部门联合相关部门发布预警信号。主要包括：联合北京市规划和自然资源委员会发布地质灾害气象风险预警、联合北京市水务局发布山洪灾害风险预警、联合北京市森林防火指挥部办公室发布森林火险等级预警（非汛期）。

基本流程是气象部门根据短时临近天气监测情况，与相关委办局实时电话沟通天气实况和短期天气预报，制作网格预报产品发送至市水务局、市规自委等部门，作为模型的前端数据输入并生成风险图形产品。经双方会商后，由决策部门制作风险预警产品，并返回市气象台，双方分别对外发布。

4.1.1.3 高影响天气叫应

预警"叫应"机制主要是指将发生或已经发生高影响、转折性、突发性等天气时，以及气象等部门发布高等级预警时，第一时间通过传真、电话等方式报告本级防汛负责人，同时及时提醒预警覆盖的乡镇（街道）党政主要负责人和村（社区）防汛责任人，确保及时"叫应"到责任人。

（1）一般定义

高影响天气：一方面是指对城市安全运行有较大影响的天气，包括：雷电、冰雹、暴雨、小时雨强达 20 mm/h 及以上的强降雨、平均风 4 级及以上或者阵风 7 级、8 级、35℃以上高温、降雪、道路结冰等。另一方面是根据各行业对天气的敏感性判定，这与城市交通、旅游、电力等行业本身对不利气象条件的承载力有关。

转折性天气：指在持续少变的天气之后，突然发生显著变化或转折的天气，例如持续的晴天转变为连阴雨天气。或者，当监测到天气与此前预测有明显变化或者转折性变化，预报要做较大调整时，要综合考虑不同部门对天气的敏感性，及时更新发布预报。比如，夏季没有报降雨，当发现天气有变化可能出现强对流时，需及时跟踪和叫应。

极端性天气：天气、气候的状态严重偏离其平均态，几十年一遇甚至百年一遇的小概率事件。极端性天气是对罕见的、且对人类社会和生态系统产生破坏的天气现象的统称。天气尺度的极端性天气包括极端高温、极端低温，极端降水、极端干旱等；中小尺度的极端性天气包括冰雹、强风、龙卷、雷暴、热带气旋等可以按统计频率或观测值定义。如，"23·7"极端强降雨等。

（2）内部叫应

内部叫应是指气象部门内部人员之间的叫应（表 4.1）。当值班员监测到天气有异常变化时，包括没有预报降雨，但北京地区实况出现降雨时，或者降雨强度达到或超过一定范围，值班员及时叫应相关领导，并做好气象灾害预警信号发布准备，适时制作或升级气象风险预警相关产品，并开展递进式气象服务。当没有预报，但北京地区实况出现小时雨强超过 30 mm/h 时，值班员需要及时叫应值班首席、值班台领导，值班台领导视情况叫应带班局长。

表 4.1　内部叫应服务标准和工作流程——以强降雨为例

启动标准	叫应内容
1. 当没有预报，但北京地区实况出现降水时	1. 值班预报员叫应值班首席； 2. 值班预报员叫应相关区气象台加强监测
2. 预计未来北京地区可能出现下列条件之一或实况首次出现下列条件之一并可能持续： （1）1 h 降雨量达 30 mm 以上； （2）6 h 降雨量达 50 mm 以上。	1. 值班预报员叫应值班首席和值班台长，做好市级气象灾害预警信号发布和升级准备； 2. 值班预报员叫应相关区气象台做好强降水天气监测和预警工作
3. 预计未来北京地区可能出现下列条件之一或实况首次出现下列条件之一并可能持续： （1）1 h 降雨量达 50 mm 以上； （2）6 h 降雨量达 70 mm 以上。	1. 值班预报员、值班首席在岗值守，叫应值班台长、台长，做好市级气象灾害预警信号升级准备，适时制作气象风险预警产品； 2. 值班预报员叫应相关区气象台做好强降水天气预警和气象风险预警工作； 3. 值班台长报告值班局长
4. 预计未来北京地区可能出现下列条件之一或实况首次出现下列条件之一并可能持续： （1）1 h 降雨量达 70 mm 以上； （2）6 h 降雨量达 100 mm 以上。	1. 值班预报员、值班首席、值班台长在岗值守，叫应台长，做好市级气象灾害预警信号升级准备，适时制作或升级气象风险预警相关产品； 2. 值班预报员叫应相关区气象台制作或升级气象灾害预警信号和风险预警； 3. 值班台长报告值班局长、局长
5. 预计未来北京地区可能出现下列条件之一或实况首次出现下列条件之一并可能持续： （1）1 h 降雨量达 100 mm 以上； （2）6 h 降雨量达 150 mm 以上。	1. 值班预报员、值班首席、值班台长在岗值守，叫应台长，做好市级气象灾害预警信号升级准备，适时制作或升级气象风险预警相关产品； 2. 值班预报员叫应相关区气象台升级气象灾害预警信号和风险预警，重点关注山洪地质灾害易发区域； 3. 值班台长报告值班局长、局长

（3）外部叫应

外部叫应是指气象部门与城市安全运行部门之间的联动开展的叫应服务（表4.2）。当值班员监测北京及周边天气有异常时，及时通过短信、邮件、传真、微信等方式向北京市相关责任单位滚动加密通报天气情况，滚动发布《天气情况》或《重要天气报告》等决策材料。同时，沟通会商预警信号升级发布情况，并做好后续工作跟踪。通过电话或视频会商系统向北京市相关责任单位报告天气，通过短信、邮件、传真、微信等方式通报雨情。

表 4.2　外部叫应服务标准和工作流程——以强降雨为例

启动标准	叫应内容
1. 预计未来 12～48 h 北京地区出现全市性中雨及以上降雨或强对流天气时	北京市气象台及时向北京市相关责任单位报告天气，通过短信、邮件、传真、微信等方式报送《天气情况》或《重要天气报告》；参加视频调度会，通过视频会商系统通报天气情况
2. 当实况首次出现 1 h 降雨量 30 mm 以上降水，并可能持续时	北京市气象台通过电话或视频会商系统向北京市相关责任单位报告天气，通过短信、邮件、传真、微信等方式通报雨情
3. 预计未来可能出现下列条件之一或实况首次出现下列条件之一，并可能持续： （1）1 h 降雨量达 50 mm 以上； （2）6 h 降雨量达 70 mm 以上； （3）累计雨量达 100 mm 以上。	市气象台通过电话或视频会商系统向北京市相关责任单位滚动报告天气，通过短信、邮件、传真、微信等方式向北京市相关责任单位滚动通报雨情，适时发布《天气情况》
4. 预计未来可能出现下列条件之一或实况首次出现下列条件之一，并可能持续： （1）1 h 降雨量达 70 mm 以上； （2）6 h 降雨量达 100 mm 以上； （3）累计雨量达 150 mm 以上	市气象台通过电话或视频会商系统向北京市相关责任单位滚动加密报告天气，通过短信、邮件、传真、微信等方式向北京市相关责任单位滚动加密通报雨情，滚动发布《天气快报》。沟通市应急局，提交暴雨橙色预警信号升级的申请单，并做好后续工作跟踪
5. 预计未来可能出现下列条件之一或实况首次出现下列条件之一，并可能持续： （1）1 h 降雨量达 100 mm 以上； （2）6 h 降雨量达 150 mm 以上； （3）累计雨量达 200 mm 以上	市气象台通过电话或视频会商系统向北京市相关责任单位滚动加密报告天气，通过短信、邮件、传真、微信等方式向北京市相关责任单位滚动加密通报雨情，滚动发布《天气快报》。沟通市应急局，提交暴雨红色预警信号升级的申请单，并做好后续工作跟踪
6. 北京周边实况已达到下列条件之一，并可能影响北京： （1）北京周边某个接壤区域 3 个自动气象站小时雨强 70 mm； （2）北京周边某个接壤区域单站累计雨量 100 mm 以上	市气象台通过短信、邮件、传真、电话、视频连线、微信等方式向北京市相关责任单位通报京津冀雨情，报送北京接壤地区雨情信息

针对暴雨、暴雪、大风等影响大、破坏性强的灾害性天气，当预计（或监测达到）达到橙色、红色预警标准时，建立面向市（区）政府领导的直通式叫应服务机制（表4.3）。当市（区）气象台预判将达到暴雨、暴雪、大风三类气象灾害橙色或红色预警信号标准时，由市（区）气象台值班台领导第一时间向市（区）气象局带班局领导汇报天气，提醒启动外部叫应。主要内容包括天气实况、预报、预警和灾害性天气可能产生的影响等情况。

表 4.3　北京市、区两级高级别气象预警服务对外叫应标准和规范

预警级别	灾害天气类型	发布前叫应	发布后叫应
橙色	暴雨	市（区）气象局带班领导叫应市（区）防汛办主任（或副主任），提出预警级别建议，由对方协助向分管副市（区）长报告	市（区）气象台要完善"直通车"机制，通过应急会商系统、微信工作群、电话等方式向市（区）政府办值班室、市（区）应急局、防汛办、规自委等相关责任单位滚动加密报告天气，内容包含当前灾害天气影响区域及强度、未来天气趋势、是否升级发布更高级别预警信号等，逐小时发布降水量图表，视情况跟进发布《重要天气报告》等决策服务产品，直至预警解除
橙色	暴雪	市（区）气象局带班领导叫应市（区）应急办主任（或副主任），提出预警级别建议，由对方协助向分管副市（区）长报告	
橙色	大风		
红色	暴雨	市（区）气象局带班领导叫应市（区）防汛办主任，提出预警级别建议，请对方协助向市（区）长报告	
红色	暴雪	市（区）气象局带班领导叫应市（区）应急办主任，提出预警级别建议，请对方协助向市（区）长报告	

4.1.2　能源联调联供

北京作为特大型的能源消费城市，近年来大力开展能源结构调整，随着"煤改气"和"煤改电"的完成，对于燃气和电力方面的需求更为旺盛，压力更大。北京能源气象保障主要包括夏季的迎峰度夏和冬季的供暖两大方面。北京市供暖季日消耗量上亿立方米，能源保供和"双碳"目标的任务重，供暖形势严峻。热、电、气均对气象条件极为敏感，且能源供应呈相互制约和联动状态。为此，2013 年北京市政府批准成立"北京市热电气联合调度指挥中心"，整体统一协调。

4.1.2.1　供暖专题会商

（1）供暖初、终日专题会商

北京市的法定供暖期为每年 11 月 15 日至次年 3 月 15 日。2010 年以来，北京市一直实行"看天供暖"，即相关部门可以根据气象等实际情况调整采暖期时间。当日平均气温连续5 d 低于 5℃，或出现影响居民生活的恶劣天气时，就可能提前或延长供暖。由于供暖整套设备无法即时关停，一旦启动供暖或停止供暖就无法立刻切换。针对供暖初、终日的确定，一般会分别进行两至三次天气会商，为供热启停决策提供精准气象支持。一般 10 月下旬至11 月上旬和 3 月上半月，北京市城市管理委员会、北京市发改委、北京市财政局等部门采取线上线下相结合的方式，与北京市气象局进行气象会商，研判天气形势，如果达到法定供暖气温条件或将出现寒潮、降雪等天气时，就可能提前或延长供暖。尤其是供暖开始前，协助北京市政部门做好供暖前期试供暖的天气研判至关重要。

（2）冷冬 / 暖冬对能源需求的研判

供暖企业需要提前半年以上，甚至一年以上明确能源需求。能源预定量不够时，超出部

分需要采用远高于协议价的方式采购。能源预定量过多，将造成极大的浪费。因此，气象部门需要提前开展供暖季气候特征分析和气候趋势展望，为热力部门掌握整个供暖季的天气情况提供支撑，精确确定能源的供应需求。

4.1.2.2 供暖期服务保障

（1）常规气象服务

经过长期实践，针对冬季安全稳定供热、夏季迎峰度夏保障等服务需求，已经形成一套完整的从长期（跨季节）、中期（月）、短期（周）、逐日和短临（逐 15 min）的服务产品体系。供暖开始后，气象部门及时向供暖单位、企业提供长、中、短期预报产品和《供暖气象服务专报》，详细介绍未来 10 d 天气趋势、近期冷空气过程、气温预报等，并给出观象台，以及密云、延庆、怀柔、门头沟、房山等郊区分区精细化预报。供热部门可以根据图文产品，更直观地看到气温变化趋势，并通过当年与常年、前一年同期日平均气温的对比，了解对全市供暖影响较大的强降温、持续低温过程，做到供热精准调节，在确保供热达标的同时做好节能减排工作。当有高影响天气如寒潮、降雪等天气时，气象部门及时发布精细化供暖专报和高影响天气预报，为调节供热量提供科学依据。

（2）气象信息融入式服务

气象数据接入北京热力集团业务一体化平台，平台中的气象信息模块实时显示当前天气实况、精细化格点预报等信息。北京热力集团根据天气变化灵活调节热力站供热参数，实现科学弹性供热，以此保证让居民家中温度适宜。此外，还向北京燃气集团提供未来 15 d 精细化预报，燃气集团基于预报开展供热量预测和调节，避免浪费能源，减少环境污染。研发北京市电力气象服务平台并接入北京电力公司，电力公司根据预报开展电力负荷预测，为冬季用电调节提供支撑，同步实现了热电气的联调联供。

（3）关注强降温的影响

实践表明，单次强降温天气过程对能源消耗巨大。供暖启动后，如果遭遇对居民生活保暖产生重要影响的强降雪或者强降温天气时，政府部门会提前发布供热"升温令"，要求各相关部门和企业加大供热量。特别是持续性的低温过程对能源消耗量巨大，也是对供暖设备极大的考验。除了关注供热能源消耗外，供暖设施的安全也是气象保障的重点。持续低温运行情况下，特别是极端低温情况下，容易导致老旧小区的供热管线"炸裂"风险高。

（4）关注港口及沿线气象条件

北京的能源为外来输入型。针对能源的供应，根据需求提供天然气卸载港口曹妃甸地区大雾、大风、海冰等高影响预报服务，避免因为大风或者海面结冰等现象导致船只无法靠岸。供暖能源生产调度、应急部署等工作都需要精准及时的气象服务提供科学依据。

4.1.2.3 供暖保障服务效果

2009 年以来全市 7 次提前启动供暖（表4.4），均是由于雨雪、寒潮、大风等强降温过程。气象信息已经成为供热启动决策"发令枪"。供暖气象服务为首都供热和能源安全运行提供了精准的科学支撑，既保障了首都民生工程，也为节能减排，避免能源浪费做好精细化气象服务，得到了广大市民和各级领导的充分肯定。下一步，气象部门将进一步提高气温等关键气象要素的精细化预报程度，为热电气联调联供提供更加精准的气象决策信息。

表 4.4 2009 年以来北京采暖季供暖提前 / 延长天数

采暖季	提前天数	延长天数
2009—2010 年	14 d	6 d
2011—2012 年	—	3 d
2012—2013 年	11 d	2 d
2016—2017 年	2 d	—
2017—2018 年	—	5 d
2019—2020 年	1 d	16 d
2021—2022 年	9 d	7 d
2022—2023 年	2 d	—
2023—2024 年	8 d	—

4.1.3 森林防火灭火

近年来，澳大利亚、美国、俄罗斯、加拿大等国森林火灾频发，造成重大人员伤亡和严重生态灾难。如，2023 年 3 月加拿大 13 个地区受森林火灾影响，累计过火面积达到 12 万 km²，超过了韩国国土面积；8 月，美国夏威夷山火导致至少 115 人死亡，这场山火成为美国一个多世纪以来伤亡最严重的森林火灾。全球山火频发爆发主要有几个方面成因：一是气候异常，高温、干旱、大风天气增多，出现火风暴等极端天气；二是物候不利，林下可燃物大量积累，易燃植被加剧火势蔓延；三是火源难控，人为火源管理难度大，气候变化加剧导致雷击火增多。

北京作为中国首都，是政治中心、文化中心、国际交往中心、科技创新中心，人口稠密、经济发达、国家核心机构集中，重点要害目标多、文物古迹多，一旦发生森林火灾，造成的环境影响大、社会影响大，政治影响更大。每年 11 月 1 日起至次年 5 月 31 日为北京森林防火关键期，特殊情况下，可提前或延长森林防火期。如，2023 年由于汛期初期降雨少，加上极端高温事件，局地出现特干旱现象，森林防火期延长至 7 月中旬。

4.1.3.1 森林火灾特点

每年秋末，随着大气环流向冬季环流转变，冷空气势力加强，北京地区进入多风季节。冬季寒冷干燥，降水稀少，春季虽气温回升，但仍干旱多风，森林火险气象等级较高，极易发生火灾。森林火灾是突发性高、持续性强、破坏性大、处置救助较为困难的自然灾害。北京的森林火灾总体特点如下。

一是火源众多管控难。北京人口密度大，春游踏青、项目施工、农事生产等进山入林活动用火频繁，管控难度很大。根据多年来火因统计，99.74%的森林火灾为人为野外用火引发，其中人为违章野外用火风险最高。供电设备、车辆事故等易发火灾，垃圾自燃、雷击起火现象也有发生。

二是环境复杂扑救难。北京山区面积占62%，山势陡峭，地形复杂，植被茂盛，森林火灾扑救工作危险很大。

4.1.3.2 气象条件的影响

森林火灾作为一种自然灾害，其发生主要是由环境条件、可燃物及火源相互联系、共同作用的结果。当森林可燃物的类型和火源条件相对稳定时，环境因素中的气象条件在很大程度上是决定森林火灾发生与否的关键因素。气象要素中，降水量、大风、气温、相对湿度等因素对于林火的发生有明显影响。

（1）降水量对森林火灾的影响

当降水较少，或无有效降水日数较长时，森林可燃物含水量将会下降，森林火灾出现的可能性大大增加。一般认为，晴朗、高温、大风天气，森林可燃物含水量降到40%以下时，易发生森林火灾。

（2）风对森林火灾的发生发展有三个作用

一是使未燃烧的可燃物蒸发变干，易燃；二是可燃物燃烧后，通过风带来新鲜氧气，使火燃烧得更旺；三是风速越大，灭火难度越大，过火面积也就越大，是林火蔓延的重要因子。

（3）空气湿度对森林火灾的影响

当相对湿度大于70%时，不易发生火灾；当相对湿度小于60%时，有发生森林火灾的可能，且随着空气湿度的降低，火灾发生可能性逐步加大。

（4）气温对森林火灾的影响

在森林防火重点期内，或者在长期干旱条件下，森林火灾随着气温的升高而增多。根据有关资料显示：当气温在0℃以下，火灾很少发生，即使着火，蔓延速度较慢；当气温在5℃以上时，可能发生林火；当气温高于15℃时，发生林火的可能性增大。当然，高温也并非完全助长林火的"气焰"，气温高于25℃时，则树木生长状况良好，体内含水量增加，发生林火机会反而随之减少。另外，气温日较差也会对森林火灾有一定影响。一般情况下，气温日较差较大，火灾发生概率大，当日较差小于7℃时，森林火灾可能性降低。

4.1.3.3 气象服务开展情况

（1）联合会商及联动

当预报将出现大风天气，平均风力达4级，阵风达7级以上时，特别是清明、两会、春节等关键时间节点时，气象台结合近期降水等天气情况，提前2 d发布预报提示，提前1 d启动联合会商。北京市森林防火指挥部办公室、市园林绿化局、市气象局联合开展森林防火专题会商，气象部门首先通报前期气候特点及未来天气趋势，研判森林火险气象风险，随后分别从可燃物含水量、重要活动影响等方面进行研讨，决定是否升级森林火险等级。

（2）森林火险气象预警

①预警分级。北京市森林火险预警等级分为四级，由高到低依次为一级（极度危险）、二级（高度危险）、三级（中度危险）、四级（低度危险），分别用红色、橙色、黄色、蓝色标示。

②预警发布管理。森林火险预警信息研判实行北京市森防办、北京市气象局、北京市园林绿化局联合会商机制，三方成立会商工作组，各单位履行下列职责。

北京市森防办：负责森林火险预警工作的统筹、协调及汇总等事宜，履行橙色、红色预警信息的报批和发布工作；组织制定、修订北京市森林火险形势分析和监测预警工作管理办法及相关规范，主责构建森林火险形势数据收集、分析、研判以及预警信息发布工作机制。

北京市气象局：负责森林火险趋势分析与气象研判，提出前期森林防火关键区气象条件分析与未来森林防火关键区气象条件预测预报及预警级别判定的专业意见。

北京市园林绿化局：负责收集整理全市森林防火工作准备情况、林内植被情况以及林内可燃物分布情况等基础数据，结合气象部门提出的火险气象等级意见，提出有关森林火险预警级别判定的初步建议。

③森林火险预警信息内容。包括发布单位、发布时间和预计持续时间、可能发生突发事件的类别、可能影响范围、预警级别、警示事项，以及事态发展、工作措施及公众响应建议和咨询电话等内容。森林火险预警信息到期自动解除。

④预警信息发布流程。蓝色预警信息和黄色预警信息，由北京市森防办授权北京市气象局发布。橙色预警由北京市森防办将会商结果报北京市应急办，报请北京市森防指总指挥批准后，由北京市预警信息发布中心负责发布。红色预警由北京市森防办将会商结果报北京市应急办，报请北京市应急委主任批准后，由北京市预警信息发布中心负责发布。预警信息发布后，因气象条件变化，北京市气象局提出调整森林火险预警等级建议的，经会商由北京市森防办履行相应的报批程序发布。

⑤预警响应措施。预警信息发布后，北京市相关部门、各区人民政府、各有关单位应当组织落实预警信息接收和传播工作，充分利用各种传播手段，快速、及时、准确地将预警信息传播给公众。

（3）突发山火应急保障

近年来，森林火灾频发，如 2023 年 3 月北京门头沟灵山、海淀温泉镇、怀柔琉璃庙、密云冯家峪、延庆珍珠泉地区发生了山火 5 起。突发山火发生后，北京市气象台加强火点的实况监测及精细化预报，预判火场周边风向风力变化，为森林防火指挥、消防人员在复杂地形下的扑火工作提供科学决策支撑，特别是提供森林灭火"窗口期"预报，将损失降到最低。同时，联合国家卫星气象中心开展火情卫星遥感监测评估和现场监测服务，监测火点具体位置、明火面积、火势蔓延和火势变化等。

为了提高突发山火气象服务应急效率，基于现有决策气象服务平台和智能网格预报业务，研发"应急服务"模块，实现了任意点位天气实况及预报的快速获取和一键生成，及时发布火点周边实况及预报产品。

4.1.3.4 小结与讨论

全球气候变暖大环境下，极端天气频发、多发已经成为未来一段时间的趋势。气象条件未必是产生森林火灾的直接原因，但是起到非常关键的作用，比如高温少雨、风干物燥等，容易发生森林火灾。下一步仍需要加强森林防灭火工作。

一是强化火灾预防基础，加强宣传，提高公众防火意识。需要注意加强林区火源管控，及时清理林下可燃物。特别是人员活动较多的地方，群众烧烤、林区生产、生活、农事、旅游、祭祀等用火行为。对于村庄与森林的交界处打出隔离带，避免可能出现的大火蔓延。

二是强化应急组织，提升应急救援能力。加强应急、气象、园林之间的联动会商研判，及时发布森林火险气象风险预警，做好防火工作。明确森林火灾早期处置的响应主体、响应机制、信息报送渠道以及与应急管理部门专业处置工作的衔接关系。强化多部门、统一调度救援队伍能力，提高指挥协调效能，提升应对重特大森林火灾、同时发生多起森林火灾的能力。

三是森林扑火气象专项产品研究，加强森林扑火窗口期的研判，风向、风力和地形密切相关，与扑火人员安全也有很大关系，结合北京山区地形研发精细化的气象风险产品。

4.2 城市气候服务

4.2.1 城市气候预测

气候预测是依据大气科学原理，运用气候动力学、统计学等手段，在研究气候异常成因的基础上对本地区未来气候进行趋势预测。时间尺度上，可以分为延伸期、月、季、年度气候预测。随着全球气候变暖引发的极端天气气候事件增多，气象防灾减灾、工农业生产和其他社会经济活动等对气候预测服务提出了越来越高的要求。

4.2.1.1 北京大城市气候特征

由于北京处于东亚季风区，气象要素季节和年际变率大，影响本地气候的系统复杂，气候预测信息还有较大的不确定性。随着全球气候变暖，过去认识到的一些海洋和大气相互作用、陆地和大气相互作用等方面的机理也可能会发生变化，进而导致气候预测难度增加。北京的气候特征主要受三方面因素的共同影响，一是北京所处的地理气候带，北京位于北纬40°附近，属于暖温带半湿润、半干旱大陆性季风气候。冬季盛行偏北风，夏季盛行偏南风；具有春季风大湿度小、夏季炎热雨集中、秋季凉爽光照足、冬季寒冷雨雪少的显著特点。二是周边复杂地形地貌，山区与平原和陆地与近海的急剧过渡，使得北京受山谷风、海陆风影响明显。三是人类活动产生的热岛效应共同影响，形成北京独有的大城市气候特征。

北京每年 6—9 月多受到南方暖湿气团的影响，10 月—次年 5 月多受来自西伯利亚的干冷气团控制。总体上，春季冷暖空气活动频繁，气温多变，易发生大风、沙尘天气；夏季高温多雨，易发生雷暴、大风、冰雹、强降水等对流性天气；秋季晴朗少雨，舒适宜人；冬季寒冷干燥、多风少雪。降水量的空间分布极不均匀，来自东南的暖湿空气受燕山及太行山的抬升，在山前迎风坡形成多雨区，而背风坡为少雨区。夏季降水集中且降水强度大，7 月、8 月降水尤为集中。降水量的年际变化很大，1961 年以来丰水年与枯水年的降水量最大比值接近 3 倍。

随着城市化的推进，北京城市建成区面积越来越大，建筑密度也不断增大，城市热岛形态发生明显的改变，热岛区域出现从中心城区向北、东和南三面扩展的态势，城市热岛强度显著增加。根据已有研究结果，城市热岛效应对年、季、月平均降水率的影响主要表现在城市中心及其下风地区降水增加。相对区域平均而言，北京城区及南部近郊区冬季降水日数和降水量明显增加，夏季城区北侧的降水日数呈加速增长趋势。这可能是城市热岛效应与环境风场相互作用的结果，即盛行风的下游方向，温度梯度产生的边界层内垂直上升运动有利于局地降水过程的发生。

4.2.1.2　气候预测关键技术

北京所处的地理气候带，以及周边复杂地貌和城市人类活动的共同影响，形成北京独有的大城市气候特征，也给气候预测增加难度。目前气候预测涉及的关键技术包括智能最优推荐方法、LightGBM 预测模型、模态投影方法等。

（1）智能最优推荐方法

采用气候数理统计方法和机器学习算法，对气象站观测气象要素（气温、降水量等）的自身序列、前期大气及海洋再分析资料、前期大气环流指数、多个气候模式预测的气象要素等进行处理，得到未来气候的客观定量化预测结果；利用气候预测评分方法对预测结果进行定量检验评估，并借助机器学习算法对评估得到的优势定量预测方法和数据集成学习，得到基于不同情况的集合预报、概率预报等再分析定量化预测；从近期时段、同期时段的气候预测评分对再分析的客观定量预测结果采用单独和权重组合进行评估，继而智能推荐相对较好的客观化预测结果，流程如图 4.1 所示。

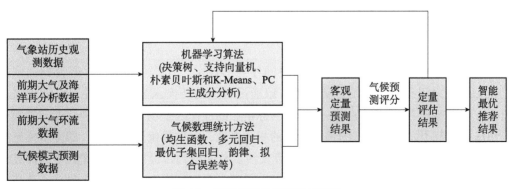

图 4.1　智能最优推荐方法流程图

（2）基于季节气候模式预测数据构建 LightGBM 预测模型

收集整理近 30 a 季节气候模式输出的地面、高空预测数据和近 30 a 北京地区气象台站观测数据。基于气候诊断分析，在季节气候模式输出的预测变量中选取 500 hPa 等层次的位势高度、700 hPa 等层次的经向风、纬向风和海平面气压作为预测因子；计算预测因子历史序列与观测数据历史序列的相关系数，同时计算再分析资料中各因子与观测数据序列的相关系数，并选取两者同时满足相关系数大于某个阈值的相关区域。在此基础上，统计各相关区域的预测因子数据作为特征集，并对特征集进行归一化处理。运用随机森林模型对特征集进行特征筛选，选出对预测目标贡献最大的特征子集。采用基于 Boosting 算法的 LightGBM 作为预测模型（图 4.2），对筛选出的特征子集进行训练集与测试集划分，对模型进行训练，并在测试集进行测试，测试评分可采用距平符号一致率 Pc、距平相关系数 ACC 评分等进行模型评估。

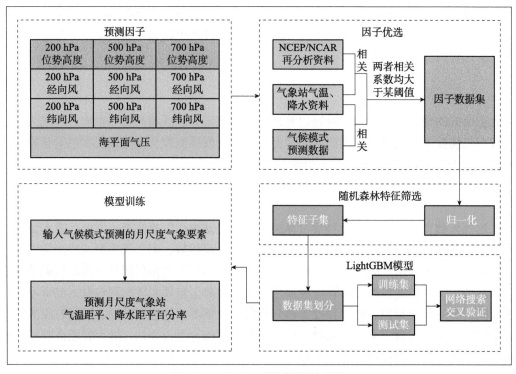

图 4.2 LightGBM 预测模型流程图

（3）基于协方差的模态投影方法

模态投影方法主要是用于预测要素时间序列的订正，其核心思想为：假设局地预报变量与预报因子之间有很好的统计关系，可以通过合适的转换函数将这种关系反演出来。模态投影方法主要分为两个阶段，一是选定目标格点的最优因子场 G。根据训练期间预报格点的观测和资料范围内所有格点的预报之间的相关系数，选取最优因子场 G，即逐步模态投影（SPPM）。二是针对最优因子场 G 进行计算反演。首先得到目标格点和最优因子的协方差矩阵，将预报因子场投影到该协方差矩阵上可以得到一个时间序列，然后建立目标格点与该时间序列之间的线性回归模型。

4.2.1.3　气候预测业务开展情况

气候预测主要是对延伸期（15～30 d）、月、季节和年度气候进行预测，预测内容包括气温、降水等气象要素相较于气候平均状态的偏离程度以及重要天气过程等。不同气候预测产品的内容因服务对象不同，在内容侧重点上有差别。未来 15～30 d 延伸期预测和月气候预测，重点关注降水、气温总体趋势以及降水、降温、高温、不利于污染物扩散的气象条件等天气过程。季节、年度气候预测主要关注降水多寡、气候冷暖以及农作物停止生长期与返青期早晚、初霜冻与终霜期早晚等。此外，还有针对关键农事活动、政府有关部门和特殊社会用户服务制作的专题气候预测，如盛夏、三夏气候预测，冬季供暖气候预测服务（供暖起始日、结束日），重大活动预测服务（建党 100 周年庆典、北京冬奥会和冬残奥会）等。气候预测业务工作流程主要包括综合分析、会商研判、材料撰写、产品发布、预测结果检验、技术复盘等方面。具体业务流程如图 4.3 所示。

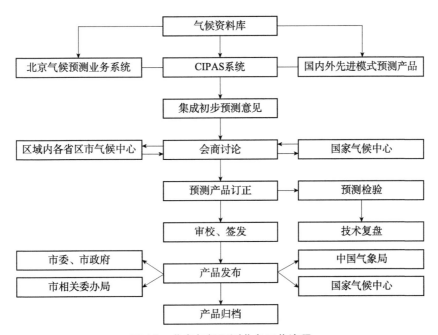

图 4.3　北京气候预测业务工作流程

①综合分析：根据气候预测业务开展的需要，通过气象业务内网、互联网、局域网等收集整理最新气象及相关的其他数据，并对资料进行续补。需要的分析资料包括：一是气象台站观测数据，逐日、逐月降水量、气温等数据；二是再分析大气环流、海温数据，中国气象局全球大气再分析产品 CRA-40、美国 NCEP/NCAR 大气再分析数据、美国 NOAA 海温再分析数据、欧洲中心再分析数据 ERA5，包括逐日和逐月海平面气压、500 hPa 位势高度、850 hPa 风场、200 hPa 风场等大气环流资料、海温场、海冰等资料；三是中国气象局数值预报中心气候模式 CMA_CPS 季节气候预测产品和次季节气候预测产品，以及其他先进气候模式预测结果。

②会商研判：业务值班人员通过气候背景分析、气候诊断分析，结合本地气候预测业务系统，制作气候预测 PPT，经过内部讨论，形成初步预测意见。参加由区域气候中心或者国

家气候中心组织的气候预测会商。

③材料撰写：会商结束后，根据最新会商的结果撰写决策材料，通过参考最新的气候模式预测结果调整气候诊断分析结果，组织签发人员、业务值班人员等再讨论，对国家气候中心发布预测产品进行订正，并形成气候预测业务服务产品。

④产品发布：延伸期、月、季节、年度预测产品均以电子文档、纸质版的形式对外提供，其中纸质版通过交换的方式传递，电子文档向京通等平台上传或者通过电子邮件等方式传递，发送部门为市政府和相关部门。

⑤预测结果检验：利用趋势异常综合评分（Ps）、空间距平相关系数（ACC）、距平符号一致率（Pc）等评分方法对发布的气候预测产品进行定量检验评估。

⑥技术复盘：针对影响较大的气候异常和极端气候事件，分析异常特征，从大气环流以及海温等外强迫探讨气候异常成因，并分析预测得失。

4.2.1.4　小结和讨论

近年来北京地区极端强降雨、高温、持续性低温等气候异常事件频发，政府防汛抗旱和极端气候事件应对都对气候预测提出了更高的要求。提高极端气候事件应对能力，需要更加精准、及时的气象预报预警信息。目前受科技发展水平以及人类认知的限制和大气可预报性上限的影响，气候预测的准确度与人们的期待仍有差距。另外，气候预测的客观化、智能化程度水平仍不够高，服务产品仍不够精细。为了更好地满足"监测精密、预报精准、服务精细"的要求，接下来将在以下几个方面开展工作。

（1）加强影响北京地区气候异常的机理研究

在全球气候变暖背景下，气候系统的不稳定性加剧，异常环流型出现的频率和强度增加，受其影响，北京地区气候规律也有新变化。因此，需要重新认识北京及周边地区气候异常特征和持续性异常事件的变化规律，并研究气候异常的形成机理，探寻前期大气、海洋等信号，为提升气候预测业务能力提供科学支撑。

（2）加强气候模式预测产品的评估与应用

近年国内外气候模式迅猛发展，中国气象局地球系统数值预报中心研发了新一代45 km高分辨率气候系统模式CMA_CPSv3。为了在业务中更好地应用先进气候模式预测结果，需要定量检验评估不同海温模态背景下气候模式对气象要素和大气环流的预测误差，改进次季节－季节气候预测误差订正技术。在评估的基础上，研制和改进客观预报技术，提升次季节－季节强降水、高温、寒潮等灾害过程转折期预测能力，支撑预报员在灾害性或高影响天气过程预测中发挥价值。

（3）加强智能网格预测技术的发展

基于本地气候规律的认识和气候模式预测产品的检验评估，研发基于气象大数据的机器学习算法支撑的次季节－季节智能网格气候预测技术，提升北京智能网格预报、风险预警等业务支撑能力，提高面向流域和极端气候灾害的精细化预测能力。

4.2.2　城市规划气候服务

城市规划是指根据城市的地理环境、气候特点、人文条件、经济发展状况等客观条件制定适宜城市整体发展的计划，从而协调城市各方面发展，并进一步对城市的空间布局、土地利用、基础设施建设等进行综合部署和统筹安排。城市规划主要工作内容包括确定城市性质、规模和发展方向，合理利用城市土地，协调城市空间布局和各项建设。随着人们生活品质的不断提高，城市规划对气候服务的需求越来越多。

城市规划中的气候服务与应用领域主要集中在城市总体规划、区域规划、城市通风廊道规划、绿地规划、工业布局选址、海绵城市规划、建筑布局与形态设计以及考虑气象灾害和气候承载力等因素的生态保护红线划定、气候适应性城市规划等方面。

4.2.2.1　城市规划分类

城市规划按行政分为国家级规划、省（区、市）级规划、市县级规划等层级。按对象和功能类别分为总体规划、专项规划、区域规划。按所覆盖时间的长短分为长期规划和短期规划。从涵盖范围上，城市规划气候服务的对象主要包括规划项目和建设项目，从空间尺度上可分为区域尺度、城市尺度、街区尺度和建筑物尺度。其中，规划项目气候服务主要分为城镇体系规划、城市总体规划、区域规划、详细规划、小区规划等气候评估服务；建设项目主要包括高层建筑设计建造、大型住宅或商业区建设、风能太阳能气候资源开发利用、厂矿选址以及重大基础设施建设等的气候可行性论证服务。

4.2.2.2　气候对城市规划的影响

气候与城市规划既息息相关、相辅相成，又相互影响，城市规划首先要考虑当地的风向、风速、气温、降水等气候条件。城市中人类活动及下垫面的变化、建筑群的布局差异，也会对城市气候要素产生不同程度的影响。城市规划所涉及的下垫面、用地属性的变化以及人为热、温室气体和大气污染物的排放，可通过热力、动力、化学等过程影响蒸发耗热、辐射过程和大气物质成分改变，进而对近地层气温、风速以及降水分布产生影响。只有实现了科学、合理的城市规划，才能形成良好的城市气候环境，进而使城市居民健康地工作和生活。而城市中的风向、风速等基本气候要素以及高温热浪、暴雨、内涝、风暴潮等极端天气气候事件则会影响与城市规划相关的产业空间布局和水电气暖、交通等城市基础设施的安全运行及城市居住体验。

4.2.2.3　气候服务开展情况

北京持续研究把握首都超大城市运行规律，把韧性城市要求融入城市规划建设管理发展之中，为建设国际一流的和谐宜居之都提供坚实安全保障。

（1）城市规划气候评估的多尺度数值模拟

利用数值模拟技术，可以实现覆盖城市区域尺度—街区尺度—建筑物尺度的无缝隙气象数值模拟（图 4.4），为科学指导各种尺度的城市空间布局提供必要的技术保障。如，

图 4.5 为基于 CFD 的冬奥首钢滑雪大跳台三维风场模拟。其中，城市区域尺度气象模拟技术，基于 WRF 模式实现了对城市地表数据的输入、建筑物物理属性参数优化、近地层风速模拟改进、人为热影响引入，通过多重嵌套，将所要模拟城市的最新土地利用信息数字化、格点化为相应格式输入模式中，城市用地按不透水面百分比分为高密度、中密度和低密度城市用地，为得到较高的空间分辨率模拟结果，采用 27 km、9 km、3 km、1 km 的 4 重区域嵌套，选取已广泛使用并经过检验的物理过程参数化方案，建立多层城市冠层模式，合理选取参数化方案，进行 1 km 分辨率的气象场模拟。依托城市小区尺度模式（SSM），实现了对街区尺度气象环境和污染物扩散进行精细化模拟评估，模式采用三维非静力 κ-ε 闭合，模拟分辨率可达 10～30 m，能细致反映出小区建筑群、绿地和水面分布对气象环境的影响，考虑了建筑物的坡度、坡向以及建筑物对短波辐射的遮蔽，用强迫－恢复法计算地面温度，并较为真实地考虑了由于建筑物遮蔽造成的局部气象场差异；基于计算流体力学软件（CFD）建立的城市建筑气象环境模拟技术，可输入规划范围内建筑数字模型，基于 SketchUp、地理信息系统（GIS）、3ds Max 等技术手段，有效提取服务区内建筑物外形、高度等信息，构造三维模型，实现复杂建筑模型的准确建立，重点针对不同网格划分方法、不同湍流模型的选择等，开展建筑尺度流体力学模式中关键参数对最终模拟效果和模拟性能的影响评估，最终模拟出各类建筑密度、高度、排列布局等空间形态方案产生的风、热环境分布特性，从而为城市设计和建筑规划方案优化提供支撑。

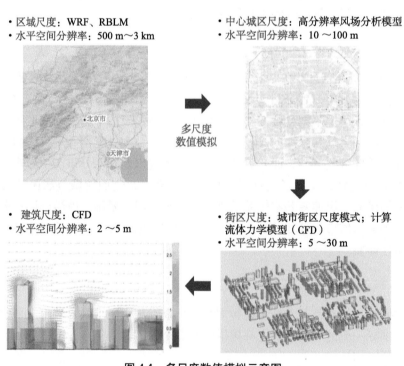

- 区域尺度：WRF、RBLM
- 水平空间分辨率：500 m～3 km

- 中心城区尺度：高分辨率风场分析模型
- 水平空间分辨率：10 ～100 m

多尺度
数值模拟

- 建筑尺度：CFD
- 水平空间分辨率：2 ～5 m

- 街区尺度：城市街区尺度模式；计算流体力学模型（CFD）
- 水平空间分辨率：5 ～30 m

图 4.4 多尺度数值模拟示意图

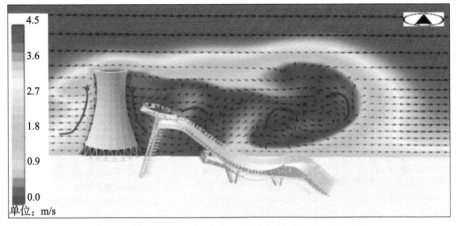

图 4.5　基于 CFD 的冬奥首钢滑雪大跳台三维风场模拟

（2）城市通风廊道规划气候服务

建立城市通风廊道规划气候可行性论证技术体系，关键技术包括面向通风廊道构建的气候背景分析和评估、多尺度数值模拟、精细化城市热岛反演和地表通风潜力计算、风环境容量评估和区划、通风廊道分级与管控等。从北京中心城区通风廊道规划气候服务开始，从无到有建立了基于气候分析、多尺度数值模拟、地理信息、卫星遥感、现场观测等手段的通风廊道规划气候服务技术体系（图 4.6）。通风廊道规划气候服务内容主要包括面向通风廊道构建的气候背景分析和评估，适用于通风廊道规划和评估的多尺度数值模拟，精细化城市热岛反演和地表通风潜力计算，风环境容量计算和区划，城市通风廊道分级、构建与管控等。其中主要技术内容包括：利用长年代气象观测资料并结合城市尺度气象数值模拟和卫星反演结果，分析通风环境和热环境现状；统计分析各气象站在不同大小风速段上出现频率最高的风向的变化，并确定出现频率较大的风的风速范围，绘制对通风廊道起作用的软轻风风玫瑰图，用于指导通风廊道规划；选择典型区域，采用小尺度数值模拟方法、计算流体力学（CFD）、城市近地面高分辨风场分析模型和卫星反演估算法比较现状和规划方案实施后局地风速、流场和热岛等的变化，评估城市建设对通风环境和热环境的影响；在主要通风廊道、通风廊道邻近地区以及小区周边等地点进行同步风速、风向、气温、湿度等气象要素的观测实验和分析，为通风廊道规律研究和廊道规划设计提供支撑。基于历史气象资料分析、实地观测、气象数值模拟以及城市现状和未来发展规划，在调研国内外城市通风廊道相关研究基础上，从廊道宽度、长度、走向等提出符合实际的一般性规律；计算地表粗糙度和天空开阔度，获得高分辨率的地表通风潜力结果，结合软轻风环境和数值模拟研究，对通风廊道进一步细化，从主通风廊道和次级通风廊道等多级体系提出改善城市通风环境的廊道规划方案（图 4.7）。

北京中心城区通风廊道规划气候服务成果（图 4.8），纳入到党中央、国务院审批发布的《北京城市总体规划（2016 年—2035 年）》中，提出构建 5 条一级、15 条二级通风廊道等的多级通风廊道系统，建议划入通风廊道的区域严格控制建设规模，逐步打通阻碍廊道联通的关键节点。

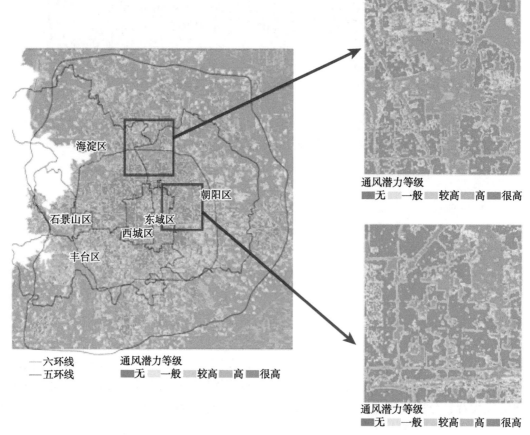

图 4.6　北京中心城区通风潜力等级空间分布

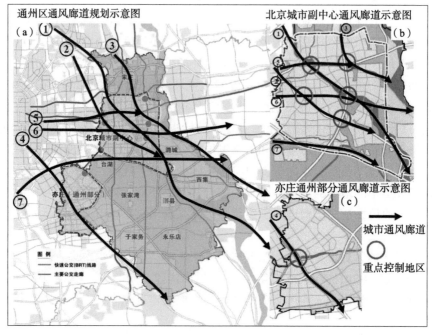

图 4.7　北京城市副中心通风廊道示意图

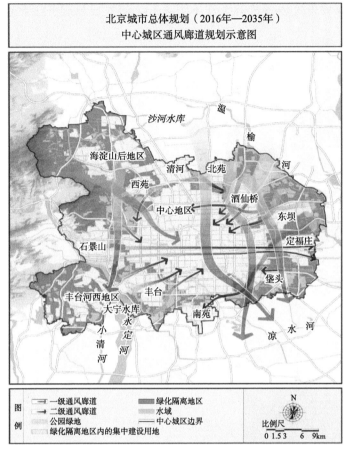

北京城市总体规划（2016年—2035年）
中心城区通风廊道规划示意图

图 4.8　北京中心城区通风廊道规划示意

（3）国土空间规划气候服务

将主体功能区规划、土地利用规划、城乡规划等空间规划融合为统一的国土空间规划，实现"多规合一"，强化国土空间规划对各专项规划的指导约束作用，是党中央、国务院做出的重大部署。因此，利用气象技术提高国土空间规划的科学性、合理性是未来很长一段时间的重点发展方向。气象数值模拟技术、高密度三维气象观测在国土空间规划中三条控制线（城镇开发边界、生态保护红线、永久基本农田）优化调整以及资源环境承载能力和国土空间开发适宜性评价（双评价）方面越发凸显出其固有的空间优势。

基于长年代气象观测资料，应用气象灾害风险评估、城市宜居程度评价指标等技术，建立了农业生产功能、城镇建设功能和生态建设功能指向的气候评估技术体系，特别是通过建立与规划尺度、规划要求更有针对性的城镇空间、生态空间和农业空间气候可行性论证评估指标，针对国土空间规划方案的论证指标进行评价。其中城镇空间评价指标包括城市热岛强度、通风潜力等级、城市内涝危险性、大气自净能力、气候舒适度等指标；生态空间评价指标包括植被覆盖度、生态冷源、风能资源、太阳能资源等指标；农业空间评价指标包括农业热量资源、农业降水资源、农业光照资源、农业气象灾害等指标。在多规合一背景下，基于上述技术方法和论证指标开展了北京气候适应性规划研究、北京市双评价气候评价等工作（图4.9），研发成果服务于北京市不同层级国土空间规划。

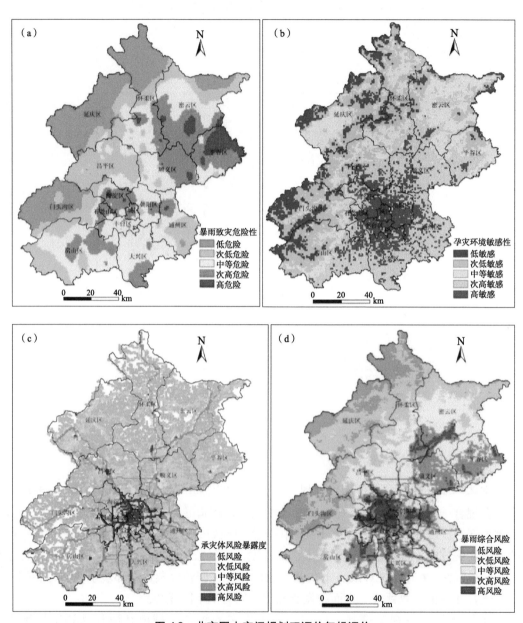

图 4.9 北京国土空间规划双评价气候评价

（a.暴雨致灾危险性；b.孕灾环境敏感性；c.承灾体风险暴露度；d.综合风险区划图）

4.2.2.4 小结和讨论

城市规划与气候因素相互影响、相互反馈，在城市规划中统筹考虑气候可行性和气象灾害的风险性，关系到城市的可持续发展和宜居性。目前，针对城市规划开展了系列研究和实践工作，气候服务方面还需进一步提高。

（1）现有的城市规划气候服务主要偏重规划地区气候现状和气象灾害的分析，对减轻城市热岛效应，气候资源开发利用、生态环境改善等方面考虑相对较少。

（2）当前的城市规划气候服务技术虽然有了很大进步，但此项工作属于跨部门、多学科交叉领域，目前的技术还存在一定的局限性，特别是在不同尺度数值模拟、规划建设后的定量评估以及评估指标的选取等方面还需进一步深入研究，以提高服务质量和水平。

（3）与城市规划的结合还不够，成果的落地与应用较难。城市规划气候服务的很多成果还停留在概念和研究上，真正将成果落地并付诸实际的城市规划建设，直接服务于城市防灾减灾和人居环境改善等方面还较少。因此，从气候角度在建立宜居城市、保障城市的可持续发展方面还有很大的提升空间。

4.2.3　生态遥感应用

城市生态遥感应用是气候服务的重要方面，经过多年的实践，北京已形成系列的生态遥感综合服务产品体系，为城市三维热岛、干岛、浑浊岛、人为热、碳排放等综合监测分析，以及北京百万亩造林生态气候效益评估等提供决策服务。

4.2.3.1　生态遥感业务概况

生态遥感业务是综合利用卫星遥感、地面观测等数据，通过反演技术、同化技术和尺度转换，在大的时空尺度上对生态系统和生态环境进行监测、分析、模拟、评估、预测等业务工作。气象部门的生态遥感业务以"生态气象"为落脚点，充分发挥气象部门气象观测大数据、气象卫星数据以及多种来源的中高分辨率数据优势，围绕"山、水、林、田、湖、草、气、土、城"共 9 个生态场景，开展多维度、多尺度、多时效、多目标的监测评估服务，提供丰富的空间连续的生态遥感产品，开展定量、定性的科学分析，为区域生态系统保护、环境治理和政府决策提供科技支撑和保障服务。

近年来，北京市气象局瞄准大城市气象高质量发展目标，重点围绕城市生态遥感开展特色遥感应用技术攻关和服务创新，形成以精细化高时空分辨率城市气候卫星遥感监测评估为核心的技术体系，以及相应的城市生态遥感综合服务产品体系，为城市规划、人居环境改善、生态海绵城市建设等提供支撑。

4.2.3.2　生态遥感业务体系

我国风云气象卫星综合性能达到世界先进水平，气象部门卫星遥感综合应用体系基本建立。在此基础上，北京市气象局建立了布局合理、分工明确的卫星遥感综合应用体系，成立了卫星遥感应用服务指挥工作组和技术管理工作组，形成覆盖市区两级的卫星应用技术体系和业务流程。同时，聚焦北京大城市发展的城市生态特色卫星遥感反演与监测技术和业务体系基本形成。建立了可提供高质量、高时效、高精度遥感产品及服务产品的大气遥感、生态遥感、城市气候遥感业务系统平台，形成覆盖京津冀及大北方区域的生态环境遥感动态监测气象业务。

（1）生态遥感业务流程

生态遥感监测评估技术包括复杂的算法和技术，针对不同的应用需求，通常需要建立独立的技术流程。以北京生态遥感业务为例（图4.10），基本流程一般包括数据获取、数据预处理、定量反演和建模、产品分析、监测评估五个方面。

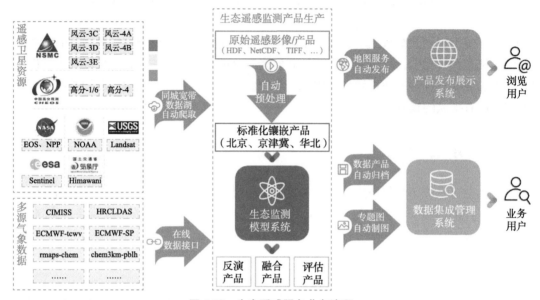

图4.10　生态遥感服务业务流程

①数据获取

多源卫星遥感数据是开展生态遥感监测的基础，当前卫星遥感数据源主要包括气象卫星、陆地资源卫星、环境减灾卫星、高分卫星等。按照通用的产品级别，一般分为三级。一级数据通常为从卫星直接获取未经过处理的原始数据。二级数据为经过辐射定标、定量反演等生成的满足一定物理量监测的产品。三级数据为在二级数据基础上进一步质控、计算等生成的延伸产品，数据获取方式如图4.11所示。

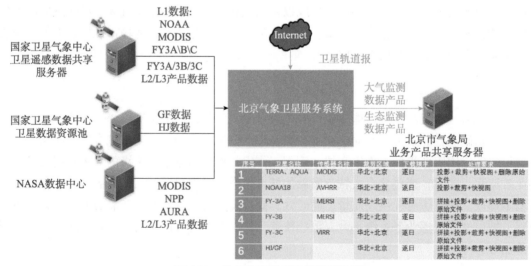

图4.11　北京生态遥感数据获取流程

②数据预处理

预处理是在数据获取后，对卫星影像进行辐射定标、大气校正、几何投影校正、图像融合、图像裁剪等操作，实现卫星数据可以在统一的时空尺度下、定量化的范围内具有丰富的物理信息，满足定量反演要求。

③定量反演与建模

定量反演与建模是一种利用遥感技术获取地面信息的方法，从遥感影像到地表物质属性的过程。利用数学和物理原理对卫星遥感数据进行精确的定量分析和处理。它对数字图像进行数学分析和处理，以获得地理现象的定量描述。气象部门常用的定量反演生成的产品包括：地表温度、地表反射率、地表辐射、植被指数、大气温湿度、大气可降水量、气溶胶光学厚度等。

④产品分析

产品分析是在定量遥感反演产品的基础上，结合生态遥感应用场景，分析评估遥感产品的精准度，获取有关地球表面属性与过程的信息，包括地表覆盖类型、土地利用、植被生长状态、土地覆盖变化、温湿度变化趋势、污染物的空间分布等。它依赖于遥感影像的各种特征来确定地表要素、地表过程、地表状态等的信息，以获得关于地表物质的定量和定性综合描述。

⑤监测评估

监测评估是利用反演得到的卫星遥感定量产品，应用数理化分析方法，针对某一生态系统的格局、过程、景观、安全等进行刻画描述和评估的过程。比如，水体污染监测评估，可以对包括水体污染范围、叶绿素 a 浓度、浊度、高锰酸盐浓度、总氮、总磷等的变化遥感监测，全面、及时地掌握水体水质、污染情况，为水环境监管评估提供决策依据。再比如，利用遥感技术掌握自然生态资源和生态质量状况，基于高分辨率遥感数据提取能够反映区域生态质量状况的遥感监测指标，并在此基础上进行生态质量评价和变化分析，生产专题产品。另外，基于 AOD 估算近地面 $PM_{2.5}$、PM_{10}、TSP 等不同粒径的粉尘浓度，可以实现 $PM_{2.5}$、PM_{10}、TSP 浓度数据每十分钟一次的监测频次，能够对空气质量进行高频次动态监测，为空气质量评估提供依据。

（2）系统平台支撑

生态遥感业务流程比较长、方法专业性强、应用领域宽泛，在实际业务服务中为提高效率，需要有高效的平台支撑。北京市气象局先后建立了北京城市生态遥感系统平台、城市热环境监测评估系统、城市生态质量监测评估系统、京津冀大气污染遥感监测系统、北京市水体生态气象服务系统、北京市植被生态气象服务系统，共六大核心业务平台支撑生态遥感业务。以城市及城市群热环境监测评估服务系统为例，系统集成了多源卫星数据获取（FY-3B、FY-3C、FY-3D、FY-3E、FY-4A、Terra、Aqua、Landsat、GF-4）、北京地区范围内预处理、温度等参量定量反演、热岛强度空间分析等核心算法，可以实现业务服务产品的快速生成和发布。城市及城市群热环境监测评估服务系统生成的产品包括近实时生成五大类 20 种产品：

➢ 陆表温度类 5 种：瞬时陆表温度（极轨、静止）、城市区域高精度 LST、平均温度距平、最高温度、最高温度超历史极值；

➤ 城市热岛类 8 种：热岛强度等级、热岛强度日变化、热岛比例指数、比例指数日变化、热岛比例指数时序、热岛强度频次、热岛容量日变化；

➤ 近地表气温类 3 种：近地表气温空间分布、气温热岛强度、气温热岛比例指数；

➤ 高温强度类 1 种：高温强度空间分布；

➤ 降尺度类 3 种：30 m 分辨率（FY-3D、FY-3E）、50 m 分辨率（FY-3D、FY-3E）、250 m 分辨率（FY-4A）。

（3）产品体系

在特色遥感方面，围绕大城市高质量发展目标，聚焦城市气候效应问题，研究建立了城市边界层热岛（三维热岛）监测评估模型、多要素城市干岛监测评估模型和城市浑浊岛综合监测评估模型，发展了以国产卫星为主、融合多源中高分辨率卫星数据源的精细化城市气候效应遥感监测方法，填补国内外在上述模型方面的研究空白。以北京地区为研究对象，开展了长时间序列城市气候效应综合监测评估，探明北京市城市化过程中不同发展时期的城市气候时空格局特征和演变规律，分析城市景观格局演变过程对城市气候的影响以及气候变化适应策略，形成系列决策咨询研究报告。建立了城市生态遥感综合服务产品体系（图 4.12），形成了以精细化高时空分辨率城市气候卫星遥感监测评估为核心的技术体系，为开展城市规划、人居环境改善、生态海绵城市建设等提供支撑。

（4）关键技术

北京市气象局城市生态遥感业务服务重点围绕城市热岛、城市干岛、城市浑浊岛、城市雨岛、城市碳排放、城市人为热等开展，涉及的关键技术如下。

➤ 城市区域地表温度反演；

➤ 城市近地表气温估算；

➤ 城市地表温度时空降尺度技术；

➤ 城市地表温度产品重建技术；

➤ 城市地表热红外温度观测与卫星 LST 产品检验评估技术；

➤ 卫星大气温度廓线产品时空降尺度技术；

➤ 城市人为热估算技术；

➤ 城市大气颗粒物浓度估算技术；

➤ 卫星降水产品时空降尺度技术；

➤ 地表城市热岛强度监测评估技术；

➤ 城市三维热岛强度监测评估技术；

➤ 城市干岛强度监测评估技术；

➤ 城市浑浊岛强度监测评估技术；

➤ 城市雨岛强度监测评估技术；

➤ 城市碳排放估算。

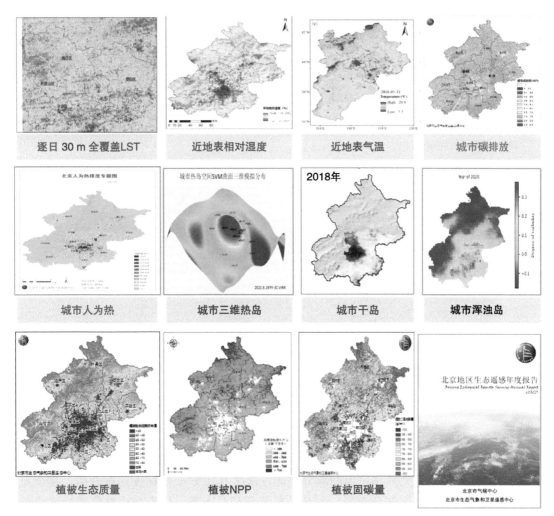

图 4.12　城市生态特色遥感业务产品体系

4.2.3.3　生态遥感典型应用

北京市作为中国典型的大型城市，近年来面临的城市发展与生态环境矛盾更加突出。从城市规划的角度来看，2003—2011 年期间北京市六环内的城市景观格局变化表现为建设用地斑块破碎化趋势降低，景观蔓延度和聚合度上升，但景观多样性下降迅速。相关研究表明，北京城市中心区域与郊区的最大温差加大，北京城区年平均风速下降，北京城区湿度下降。随着城市快速发展和人居环境间的矛盾日益凸显，城市发展过程中城市空间格局的变化对城市气候条件的影响，很可能产生难以逆转的严重后果。卫星遥感可以从宏观角度对城市气候效应进行刻画，从生态城市规划、管理角度为城市管理者和决策者提供翔实丰富的信息。

（1）城市地表温度变化监测分析

地表温度的变化受气象条件的影响，同时也与地表覆盖变化密切相关。卫星遥感监测结果显示：2003—2022 年，北京市中心城区白天地表平均温度变化总体呈逐渐上升趋势（图

4.13）。2010 年之前，中心城区白天地表平均温度变化趋势平缓；2010—2015 年为持续升高阶段。2022 年北京地区日照偏多，气温偏高，北京观象台有 92 d 最高气温达到 30℃以上。在此背景下，2022 年中心城区白天地表平均温度（22.4℃）较 2021 年（19.9℃）上升了2.5℃。

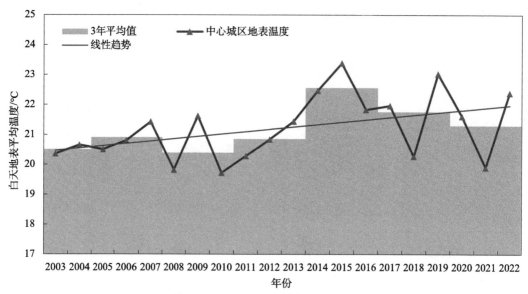

图 4.13 北京市中心城区白天地表平均温度历年（2003—2022 年）变化

长时间序列气象卫星数据监测结果显示，北京市地表温度变化空间差异明显（图 4.14）。平原中南部地区白天地表平均温度较高，受土地利用变化影响更大。2003—2022 年呈显著上升趋势，其中通州、大兴和房山的部分地区以高于 0.19℃ /a 的速度快速升高，是全市温度上升最快的区域；山区部分地区，尤其是东北部和西南部，受森林植被覆盖持续改善影响，2003—2022 年白天地表平均温度呈缓慢降低趋势。

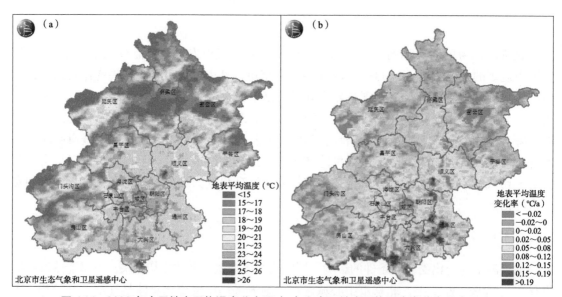

图 4.14 2022 年白天地表平均温度分布图（a）和白天地表平均温度变化率分布图（b）

（2）城市热岛效应监测评估

城市热岛是城市人类活动和气象条件共同作用的结果。卫星遥感监测显示：2012 年以前，北京城市热岛面积逐年扩大，之后开始缓慢缩小（图 4.15）；2020—2022 年期间热岛面积相对于 2017—2019 年期间有明显下降。2003—2012 年期间，热岛面积缓慢增加，到 2013年达到最大值并保持稳定至 2015 年。2012 年开始，北京市开始实施平原地区百万亩造林工程，城市热岛效应开始逐步缓解，至 2016 年第一轮造林工程结束时城市热岛面积显著下降，新一轮百万亩造林工程实施以来，城市热岛面积继续减小。从空间分布上看，面积扩大期间，城市热岛从中心城区向北（海淀—朝阳一带）、西南（丰台—房山一带）和东南（通州—大兴一带）三个方向扩张（图 4.16）。

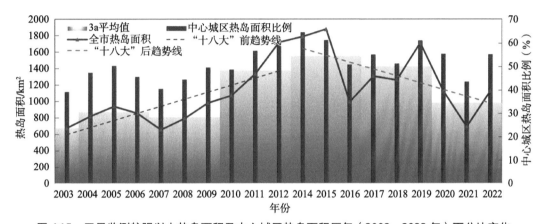

图 4.15　卫星监测较强以上热岛面积及中心城区热岛面积历年（2003—2022 年）百分比变化

（3）城市干岛效应监测评估

城市干岛与城市热岛相伴存在，因城市扩张导致不透水层面积增大，天然地面土壤和植被所具有的水分吸收和保蓄能力降低，造成城区比郊区空气中水分偏少，湿度较低，形成孤立于周围地区的"干岛"。卫星遥感监测结果显示（图 4.17）：2002—2022 年期间中心城区大部分处于较强以上城市干岛等级状态。长时间序列统计结果显示（图 4.18），2002—2012年期间城市干岛效应波动明显，2013—2019 年期间干岛效应呈明显升高趋势，2019 年城市干岛效达到历史最高位，近 3 a 呈逐渐下降趋势。2022 年五环以内平均干岛强度为 -4.2%，为历年（2003—2022 年）最低值，但中心城区较强以上等级干岛面积占比为 72%，比 2021年增加 4%。

（4）2022 年北京冬奥会积雪卫星遥感监测

积雪深度和积雪表面温度是冬奥会赛事活动中关注的重要场地环境指标。北京市气象局卫星遥感团队利用风云卫星结合中高分辨率卫星，开展了 2022 年冬奥会赛场及周边地区积雪深度和雪表温度监测评估，为赛事活动提供了动态的积雪时空分布产品。

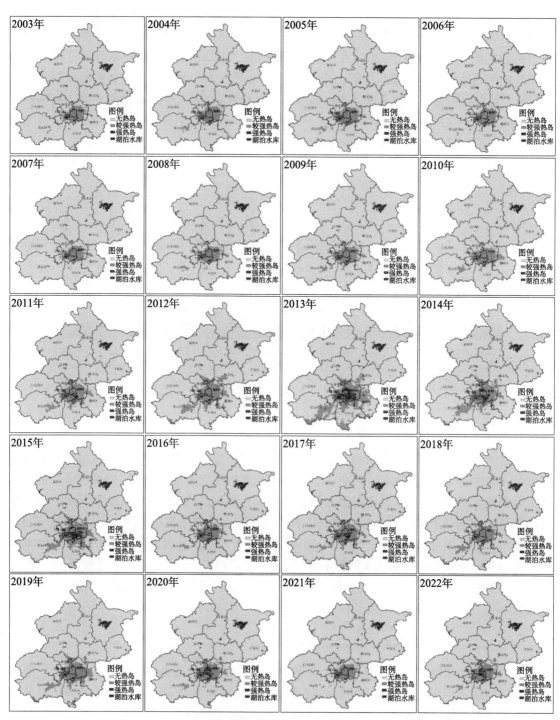

图 4.16　卫星监测北京城市热岛强度等级空间分布图

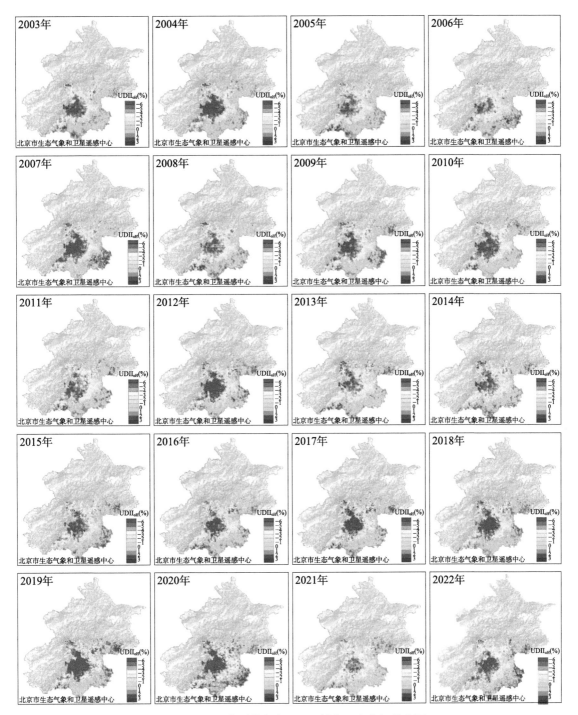

图 4.17　卫星监测北京市平原区城市干岛空间分布图

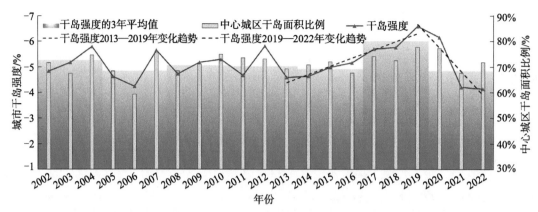

图 4.18　卫星监测北京中心城区较强等级及以上干岛面积占比和五环内干岛强度历年（2002—2022 年）变化趋势图

从积雪深度的大尺度空间分布上看，相对来说大量积雪集中于赛区以北的内蒙古高原，即张北县、沽源县南部，河北崇礼区北部也有较多积雪分布。在张家口赛区，自然降雪形成的积雪深度较低，主要还是由人工造雪补给。卫星反演结果捕捉到了赛区 2021 年 11 月上中旬的一次大规模自然降雪，如图 4.19 所示为 11 月 5—10 日的雪深时空变化，降雪过程之前的 11 月 5 日，赛区以及周边地区均没有积雪分布，随后显示出这次降雪过程显著地增加了赛区以及周边地区的积雪深度，特别是张家口赛区以及张北县、沽源县南部地区。

图 4.20 反映了人工造雪前后卫星反演雪深的空间变化特征，从图上可以看出，站点所在的人工造雪区并未出现剧烈变化，这也说明被动微波遥感只适合冬奥赛区周边大范围降雪事件的雪深观测。

4.2.3.4　小结与讨论

生态遥感在气象服务政府重大决策、保障重大活动、支撑"气象+"融合、生态文明保障等方面发挥了重要作用，北京市气象局生态遥感业务聚焦北京超大城市发展过程中与城市气候、都市生态相关的关键生态气象因子、生态过程、生态格局、生态功能等，开展了多源卫星数据融合应用服务，取得了较好的服务效果。尤其是在城市环境方面，综合应用气象卫星、陆地资源卫星、高分卫星等数据，开展了城市多尺度地表、近地表（城市冠层）、边界层热环境立体监测评估，通过多源数据融合技术，建立了城市地表逐小时 30 m 分辨率 LST 产品近实时生成，提供动态的北京市、中心城区、核心区 LST 空间分布产品和城市热岛产品，为首都城市规划和绿色宜居城市建设提供了科技支撑。

同时，生态遥感也面临一些问题和不足。首先是高分卫星数据资料的获取问题。目前各区气象局在开展本地化生态遥感服务时，气象卫星的空间分辨率很难满足区域内生态监测评估等服务的要求，由于高分辨率卫星资料获取途径受限，已经成为制约生态遥感业务发展的重要瓶颈。其次是卫星数据和产品的分发共享能力有待进一步提高。由于气象卫星数据获取和分发都是基于网络通道和自建数据平台，获取时效性和分发处理能力不足。第三是卫星应用能力还有很大提升空间。遥感应用涉及领域广，学科交叉性强、技术含量较高、主观能动性强（业务平台推广性差），需要较多技术研发投入，但现在面临需求多、平台支撑不够、专业人才少等问题，致使卫星资料实际应用服务能力与实际需求差距较大。

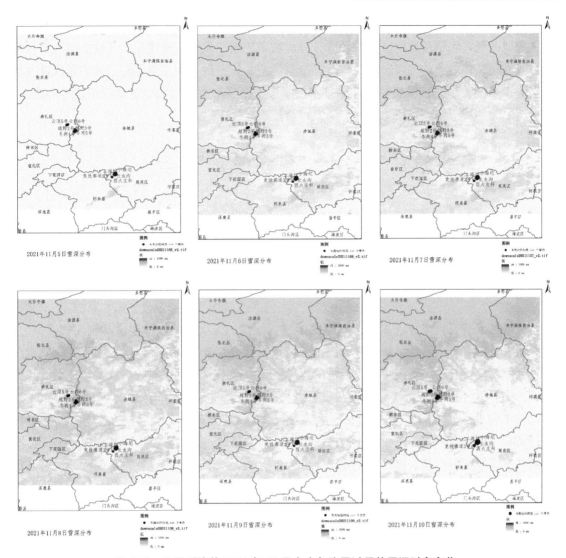

图 4.19　卫星反演的 2021 年 11 月上中旬降雪过程的雪深时空变化

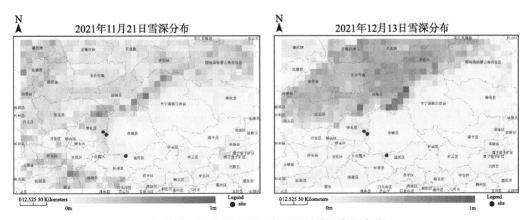

图 4.20　卫星反演雪深人工造雪前后空间变化

结合北京超大城市高质量发展现状，生态遥感业务将进一步聚焦于解决和优化城市发展带来的城市气候问题及其生态环境效应，针对城市规划、大型工程建设、区域协调发展规划等空间格局变化对局地气候影响，重点围绕京津冀、长三角、珠三角等超大城市群快速发展与空间布局调整战略，发展基于遥感技术的解决方案，形成系列城市遥感应用技术和产品，开展精细化的城市遥感应用示范和产品发布与推广。

4.3 风险预估业务

4.3.1 风险预估概况

全球气候变暖背景下，极端天气事件多发、频发，灾害链延伸，连锁、放大效应突出，不断地考验城市安全运行保障的能力。传统的气象预报大多数情况下仅仅局限于气象要素预报，气象条件影响的区域不明确、影响的程度不清晰、用户需要采取的措施比较模糊，防灾减灾的指导性还不足。比如，预报次日有暴雨，24 h 降雨量超过 50 mm，但同样的 50 mm 降雨对不同地区、不同领域造成的影响程度不一样。从灾害影响层面上看，下垫面的承载力、风险暴露程度不同，需要采取的措施也不一样。因此，迫切需要构建基于人、事、物影响的气象预报预警业务，提高气象灾害防御的针对性，既要避免防灾减灾不到位，也要避免过度防御。

为贯彻落实总书记关于防灾减灾救灾重要论述和对气象工作的重要指示精神，落实气象高质量发展纲要，气象部门提出构建气象灾害风险预估业务。基于气象灾害风险普查成果和历史高影响天气典型案例，通过对不同气象灾害的致灾危险性、孕灾环境敏感性，以及承灾体的暴露度分析，确定气象风险等级阈值，建立数字化、定量化风险预估算法体系，研发综合气象灾害风险预估产品，充分发挥气象预报预警的先导性，切实减轻气象灾害影响，保障首都经济社会发展安全。根据具体业务要求，短期气象灾害风险预估包括单灾种和综合风险，技术路线如图 4.21 所示。

4.3.2 单灾种风险预估

根据北京气候背景及各类气象灾害发生的频次及影响，初步选定暴雨、高温、大风、暴雪、寒潮 5 种气象灾害开展风险预估业务。应用灾害系统理论，综合考虑致灾因子、孕灾环境和承灾体三者相互作用，建立短期（24 h、48 h、72 h）暴雨、高温、大风、暴雪、寒潮 5 类气象单灾种灾害风险预估模型。

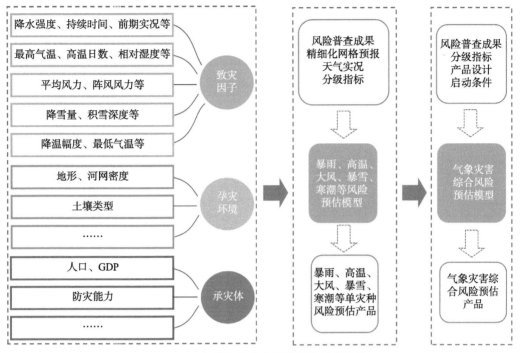

图 4.21　短期气象灾害风险预估技术路线

4.3.2.1　暴雨风险预估模型

基于暴雨灾害成灾机理，暴雨灾害风险（R）是致灾因子危险性（H）、孕灾环境敏感性（S）以及承灾体暴露度（E）等因素综合作用的结果，考虑三个因子对暴雨灾害风险的决定程度，建立 24 h、48 h、72 h 暴雨灾害风险评估模型（图 4.22）。其算法如下：

$$R = H^h \cdot S^s \cdot E^e$$

式中：h、s、e 分别为 H、S、E 三个评价因子的权重系数，三个评价因子通过选取相应的评价指标，并分别通过各指标归一化处理和加权综合计算得到。暴雨致灾危险性因子包括降雨小时雨强和 24 h 降雨量实况，以及风险预估时段（24 h、48 h、72 h）的降雨小时雨强预报和时段雨量预报等指标，通过实况监测资料和智能网格预报数据计算所得；孕灾环境敏感性因子包括地形、河网密度、不透水地表面积等指标；承灾体的暴露度主要包括人口、经济发展、重点防汛等指标。

依据灾害风险评估结果，结合历史暴雨灾害天气过程灾情影响分析，采用百分位数法分级方法，将暴雨灾害风险划分为高、中、低三个风险等级，结合气象灾害风险普查结果（地质灾害隐患点、山洪沟、易涝点等信息），生成暴雨灾害风险预估产品。

4.3.2.2　大风风险预估模型

基于大风成灾机理，大风灾害风险（R）是致灾因子危险性（H）、孕灾环境敏感性（S）以及承灾体暴露度（E）等因素综合作用的结果，考虑三个因子对大风灾害风险的决定程度，建立 24 h、48 h、72 h 大风灾害风险评估模型（图 4.23）。其算法如下：

$$R = H^h \cdot S^s \cdot E^e$$

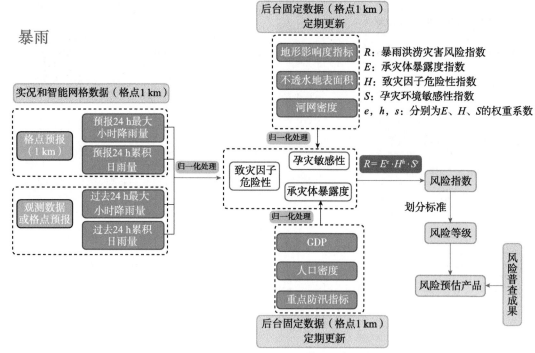

图 4.22　暴雨风险预估模型示意图

式中：h、s、e 分别为 H、S、E 三个评价因子的权重系数，三个评价因子通过选取相应的评价指标，并分别通过各指标归一化处理和加权综合计算得到。大风致灾危险性因子包括风险预估时段（24 h、48 h、72 h）平均风速、极大风速，利用智能网格预报数据计算所得；孕灾环境敏感性主要考虑高程因子；因为大风灾害主要是对人员生命财产、社会经济活动造成威胁，同时考虑大风天气下发生森林火灾的风险增加，因此承灾体的暴露度主要包括人口、经济发展、植被指数等指标。

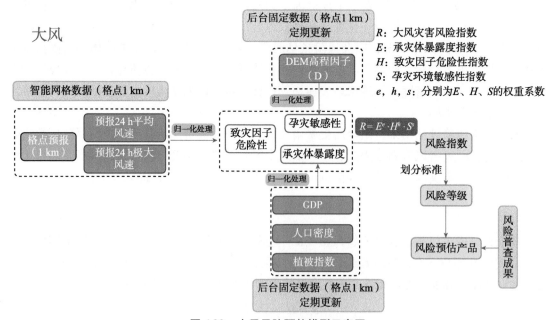

图 4.23　大风风险预估模型示意图

依据大风风险评估结果，结合历史系统性大风和雷雨大风典型个例，以及冬、春季森林火灾影响分析，采用百分位数法分级方法，将大风灾害风险划分为高、中、低三个风险等级，结合气象灾害风险普查结果（防火点、重大危险源等信息），生成大风灾害风险预估产品。

4.3.2.3　高温风险预估模型

基于城市高温成灾机理，高温灾害风险（R）是致灾因子危险性（H）以及承灾体暴露度（E）综合作用的结果，考虑两个因子对高温灾害风险的决定程度，建立 24 h、48 h、72 h 高温灾害风险评估模型（图 4.24）。其算法如下：

$$R = H^h \cdot E^e$$

式中：h、e 分别为 H、E 的权重系数。考虑高温灾害主要影响人体健康，可应用暑热指数作为高温致灾危险性因子，暑热指数主要包括气温与相对湿度，利用智能网格平均气温及平均相对湿度的预报数据计算所得；承灾体的暴露度主要考虑人口密度指标。

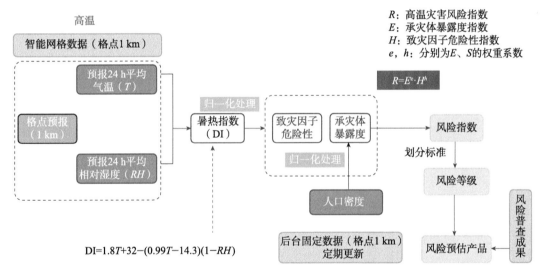

图 4.24　高温风险预估模型示意图

依据高温风险评估结果，结合历史高温和闷热天气典型个例，采用百分位数法分级方法，将高温灾害风险划分为高、中、低三个风险等级，结合气象灾害风险普查结果（防火点、人口密度等信息），生成高温灾害风险预估产品。

4.3.2.4　暴雪风险预估模型

基于暴雪灾害成灾机理，暴雪灾害风险（R）是致灾因子危险性（H）和承灾体暴露度（E）综合作用的结果，考虑两个因子对暴雪灾害风险的决定程度，建立 24 h、48 h、72 h 暴雪灾害风险评估模型（图 4.25）。其算法如下：

$$R = H^h \cdot E^e$$

式中：h、e 分别为 H、E 两个评价因子的权重系数，评价因子通过选取相应的评价指标，并分别通过各指标归一化处理和加权综合计算得到。暴雪致灾危险性因子包括未来降雪量、新增积雪深度、前期未消融积雪深度等指标，通过实况监测资料和智能网格预报数据计算所得；其中降雪量预报通过逐时降水量和降水相态进行统计计算，新增积雪深度则通过逐时降水量、降水相态和气温预报，根据雪水比与气温相关性的经验公式进行统计计算。承灾体的暴露度主要包括人口、经济发展、路网密度等指标。

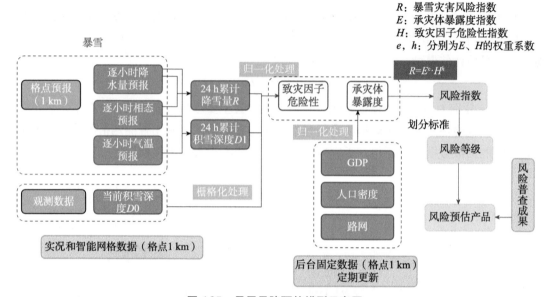

图 4.25　暴雪风险预估模型示意图

依据暴雪风险评估结果，结合历史暴雪灾害天气过程灾情影响分析，采用百分位数法分级方法，将暴雪灾害风险划分为高、中、低三个风险等级，结合气象灾害风险普查结果（中小学校、重点路网等信息），生成暴雪灾害风险预估产品。

4.3.2.5　寒潮风险预估模型

基于寒潮灾害成灾机理，寒潮灾害风险（R）是致灾因子危险性（H）和承灾体暴露度（E）综合作用的结果，考虑两个因子对寒潮灾害风险的决定程度，建立 24 h、48 h、72 h 寒潮灾害风险评估模型（图 4.26）。其算法如下：

$$R = H^h \cdot E^e$$

式中：h、e 分别为 H、E 两个评价因子的权重系数，评价因子通过选取相应的评价指标，并分别通过各指标归一化处理和加权综合计算得到。寒潮致灾危险性因子包括降温幅度、最低气温等指标，通过实况监测资料和智能网格预报数据计算所得；其中降温幅度通过预估时段 24 h 最低气温与预估时段前 24 h 最低气温进行统计计算。承灾体的暴露度主要包括人口密度指标。

依据寒潮风险评估结果，结合历史寒潮灾害天气过程灾情影响分析，采用百分位数法分级方法，将寒潮灾害风险划分为高、中、低三个风险等级，结合气象灾害风险普查结果（防火点、物资储备等信息），生成寒潮灾害风险预估产品。

寒潮

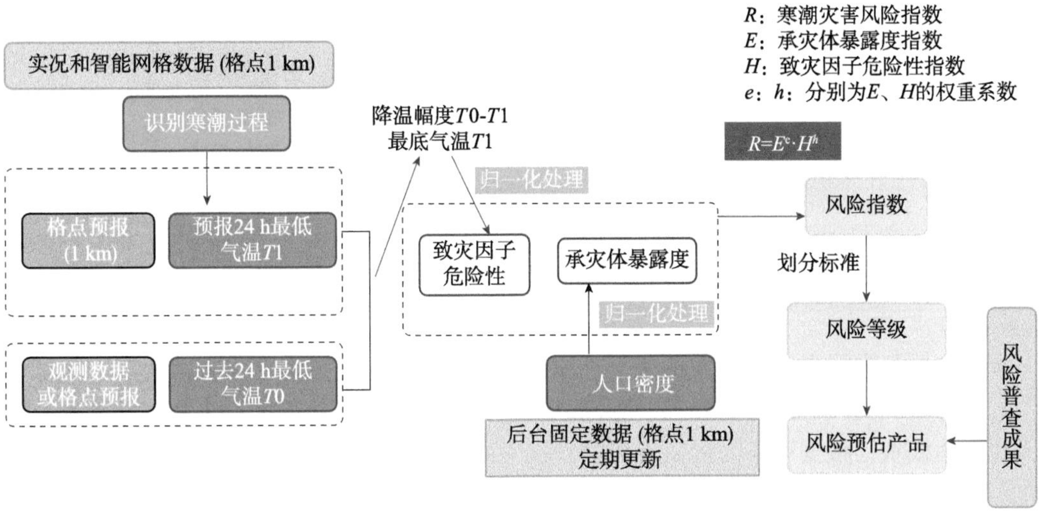

图 4.26　寒潮风险预估模型示意图

4.3.3　综合风险预估

北京地区气象灾害过程性特征强，可能同时存在两种或多种灾害性天气，产生灾情叠加和连锁效应，有必要建立气象灾害综合风险预估模型，形成综合风险预估产品。根据北京地区气候特点，夏半年（5—9 月）主要考虑暴雨、大风、高温可能造成的综合灾害风险，冬半年（10 月—次年 4 月）主要考虑暴雪、大风、寒潮可能造成的综合灾害风险。

气象灾害综合风险算法构建原则是以主要灾害为主，叠加其他灾害影响。基于风险叠加理论，应用风险矩阵，采用空间分析技术，建立多灾种综合风险评估模型：

$$I = IR_{max} + W \cdot \sum_{i=1}^{n} w_i \cdot IR_i$$

式中：I 为气象灾害综合风险指数；IR_{max} 为多灾种中的最高风险指数；W 为多灾种的权重；w_i 为第 i 个灾种的权重；IR_i 为第 i 个灾种的风险指数。

依据气象灾害综合风险指数，参考灾害损失特征，将风险划分为三个等级，分别对应高风险、中风险、低风险（表 4.5）。

表 4.5　气象灾害综合风险等级划分

灾害种类	综合风险级别	风险指数 I	等级判定标准	灾害影响
夏半年：暴雨、高温、大风；	高风险	$I \geqslant 7$	当地至少一种气象灾害影响，主要气象灾害风险指数与其他灾种风险指数加权求和后，风险指数 I 满足：$I \geqslant 7$	严重影响，造成严重灾情
	中风险	$4 \leqslant I < 7$	当地至少受一种气象灾害影响，主要气象灾害风险指数与其他灾种风险指数加权求和后，风险指数 I 满足：$4 \leqslant I < 7$	中度影响，造成较重灾情

灾害种类	综合风险级别	风险指数 I	等级判定标准	灾害影响
冬半年：暴雪、寒潮、大风	低风险	$1 \leq I < 4$	当地至少受一种气象灾害影响，主要气象灾害风险指数与其他灾种风险指数加权求和后，风险指数 I 满足：$1 \leq I < 4$	轻度影响，造成较轻灾情

4.3.4 风险预估业务应用

依据中国气象局办公室印发的关于气象灾害风险预估业务试点建设方案要求，北京市气象台开展暴雨、大风、高温、暴雪、寒潮风险预估技术研究，基于北京决策气象服务系统研发风险预估模块，根据服务需求研发风险预估产品，并在实际业务中得到初步应用。

4.3.4.1 业务启动条件

预计 72 h 内北京地区将出现暴雨、大风、高温、暴雪、寒潮这五种灾害天气中的一种或多种天气时，当全市大部分地区达到低风险等级，或市委、市政府及应急部门对决策气象服务有明确需求时，启动风险预估业务，及时制作发布相关灾害天气风险预估产品。

4.3.4.2 产品研发

风险预估产品种类和主要内容如下。

①产品种类：24 h、48 h、72 h 暴雨、大风、高温、暴雪、寒潮等单灾害和综合气象灾害风险预估产品，包含落区分布图和文字类产品。

②产品分辨率：图形产品空间分辨率同智能网格预报产品，为 1 km × 1 km，根据服务需求，也可以对乡镇街道进行风险等级划分。时间分辨率与北京天气预报产品发布时间一致，每天 7+N 次（7 次定时预报，以及不定时订正预报）。

③等级划分：气象灾害风险预估等级分为高、中、低三个等级。

④产品内容：根据业务需求，研发了气象灾害风险预估产品样例。一是过去 24 h 天气实况监测，重点突出灾害天气的极端性和致灾性，以及对生命财产、城市运行、农业生产等的影响情况。二是未来气象灾害风险预估，包括天气要素预报、主要气象灾害类型、风险等级、影响范围和可能造成的灾情。三是影响分析及防范建议，尽量做到分灾种、分区域、分行业地影响分析，并提出防灾减灾对策建议。

4.3.4.3 成果应用情况

2023 年北京地区多大风、高温天气，并且出现一次极端强降雨过程，北京市气象台根据大风、高温、暴雨可能出现的风险，试验开展气象灾害风险预估业务，风险预估成果应用主要在两个方面：一是决策气象服务材料中增加气象灾害对不同行业的风险预估内容，如针对 6 月 14—17 日持续高温过程发布的《重要天气报告》中，增加了持续高温对人体健康、水电能源需求、交通安全、城市森林火灾、农业影响等风险预估内容，并提出相关防范建议。二是在与应急、水务等部门视频会商中进行相关气象灾害风险分析展示和提醒，如针对"23·7"极端强降雨过程，7月29日上午视频调度会商中提前预估7月29日夜间至31日北京大部分地区有暴雨灾害高风险（图4.27），提示北京发生中小河流洪水、城市积涝风险高，山区极易发生山洪和滑坡、泥石流等地质灾害，需提前做好防范。

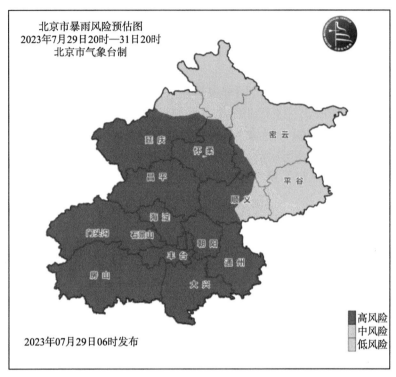

图 4.27　2023 年 7 月 29 日 06 时发布的暴雨风险预估图

4.3.4.4　小结与讨论

随着经济发展、社会进步和人民生活水平的提高，对气象服务提出了更高的要求。气象要素预报向灾害影响预报的转变，逐步实现定时、定量灾害性天气风险预评估，也是未来的发展趋势。

目前风险阈值指标更多是经验性，缺乏相关机理分析，有必要开展分行业（如城市积涝、森林火险等）的风险阈值或风险评估模型研发。做细、做实气象灾害风险预估业务，仍需进一步夯实基础：一是不断提高气象预报的准确率。风险预估服务需要确定性地告知用户采取何种防御措施，不确定性的预报预警精准度仍是面临的挑战。二是跨部门数据的实时共享。气象条件对不同区域、不同行业的影响，需要联合多部门开展针对性的研究，建立动态更新的气象风险阈值指标。三是风险预估的业务规范。重大天气过程开始和结束的时间不确定，加上灾害天气最强时段可能发生在 1～3 h 内，以 24 h、48 h、72 h 来定义产品不一定合适，另外，启动的规范仍需进一步完善。

下一步，将聚焦大城市防灾减灾需求，继续开展极端天气与灾害发生影响机理研究工作，加强与相关行业管理部门沟通合作，探索面向重点行业（交通、能源、森林防火等）的气象灾害致灾阈值研究，开展分行业的精细化气象灾害风险预估服务，切实保障首都经济社会发展安全。

4.4 重大活动气象保障

北京气象工作者年均开展 30 余场重大活动气象服务保障，已经成为常态化的工作。2015 年，北京市气象局形成气象行业标准《大型活动气象服务指南工作流程》。在此基础上，2023 年出版专著《北京重大活动气象保障经验与启示》，全面呈现重大活动不同阶段气象部门需要开展的工作，以及历次活动保障过程中形成的经验总结。作为补充，本节简要回顾重大活动气象保障工作流程，并选取建党百年文艺演出现场气象保障作为典型个例重现保障场景。

4.4.1 重大活动气象保障工作流程

按照气象行业标准《大型活动气象服务指南工作流程》，可以将重大活动保障的主要工作分为筹备期、演练期、运行期、总结期四个阶段，明确每个阶段的主要工作任务及其相互衔接流程（图 4.28）。重大活动气象保障是一项复杂的系统性工程，各个阶段密切相关、环环相扣。重大活动气象保障过程更是体现了天气预报的精准度和气象服务的艺术，任何环节的失误都可能关系到整个活动保障的效果，气象服务经验的总结和积累显得尤为重要。

四个阶段的主要工作包括如下。

4.4.1.1 筹备期

气象服务筹备期的长短取决于重大活动本身、活动对气象服务的要求，以及已具备的气象保障技术能力等多方面因素，从几个月到几年不等，或长或短。筹备期主要工作包括：
- ❖ 气象服务需求调研分析；
- ❖ 气候背景分析与气象灾害风险评估；
- ❖ 气象服务方案编制（总体方案、专项方案）；
- ❖ 业务系统建设（探测、预报、服务、信息等）；
- ❖ 关键技术研究；
- ❖ 团队建设（专项团队、业务培训等）。

4.4.1.2 演练期

一般选择筹备期截止时间至活动举办日前 1 个月为气象服务演练期。演练期侧重结合重大活动演练、彩排等活动，进行气象服务和应急保障能力与机制的测试演练，磨合工作流

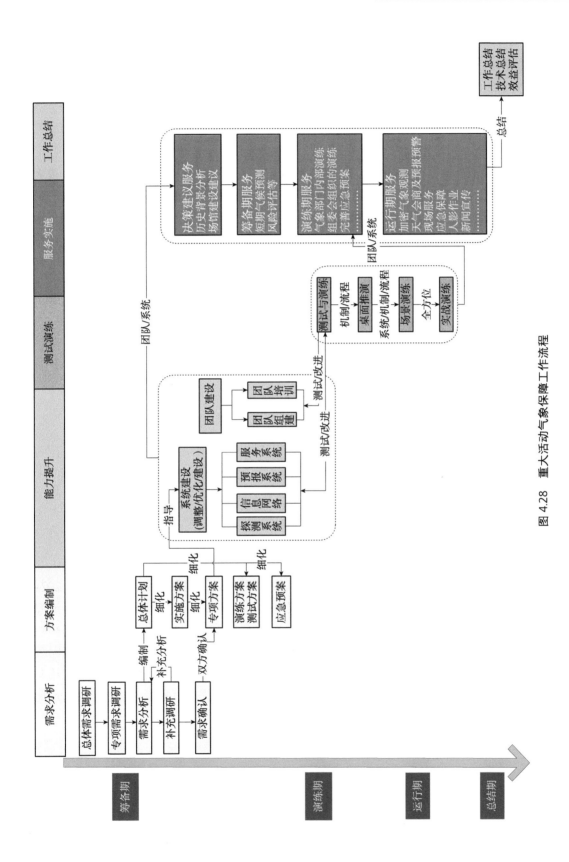

图 4.28　重大活动气象保障工作流程

程。测试演练可结合重大活动演练、彩排开展，也可以在活动正式开始前在气象服务机构内部组织。

❖ 气象部门内部演练：重点测试业务系统及流程等各项工作的应急响应；
❖ 组委会组织的演练：结合组委会预演、彩排等活动测试衔接和融入情况；
❖ 演练总结：结合演练发现的问题及时完善气象服务各项工作。

4.4.1.3 运行期

运行期是重大活动气象服务核心环节。一般确定重大活动举办日之前 7 d 开始进入重大活动运行保障期，视情况启动特别工作状态。针对临近期内举行的重大活动综合性预演、彩排活动的气象保障可视同重大活动实战气象保障，实行关键气象服务期的工作运行机制。主要任务包括如下。

❖ 加密气象观测；
❖ 天气会商及预报预警；
❖ 跟进式服务；
❖ 现场气象服务；
❖ 城市安全运行；
❖ 新闻宣传科普工作。

4.4.1.4 总结期

一般确定重大活动气象服务完成后 6 个月内为气象服务总结期。主要任务包括如下。

❖ 工作总结；
❖ 效益评估；
❖ 服务总结。

4.4.2 建党百年文艺演出现场服务

庆祝中国共产党成立 100 周年文艺演出《伟大征程》（以下简称"文艺演出"）于 2021 年 6 月 28 日在国家体育场"鸟巢"举行。正式演出前，6 月 22 日、25 日还举行两场全流程演练。文艺演出期间正值北京汛期，预报难度大、保障任务重。三次演出当天均遇到高影响天气，22 日高温晴晒、25 日强对流和 28 日高湿闷热天气。尤其是 6 月 25 日北京地区同时出现雷电、短时强降雨、大风、冰雹等强对流天气，使得文艺演出中途暂停。针对这三场文艺演出，气象部门均派出现场气象服务小组进驻鸟巢，全方位提供气象服务。本节仅从现场气象服务的角度，回顾 2021 年 6 月 25 日文艺演出演练期间现场气象服务情况，希望为今后其他重大活动气象保障提供经验积累。

4.4.2.1 现场气象服务需求

（1）需求和挑战

庆祝中国共产党成立 100 周年文艺演出在国家体育场"鸟巢"举行，演出综合运用了多媒体、威亚、AR、灯光、音响等各方面技术；为给观众带来全方位、多角度、沉浸式的观赏空间，舞台利用几块巨大的高清 LED 屏营造"情景"，主屏高 29.5 m，长 174 m，还有四块辅屏和一块在舞台中央可以翻起来的翻屏。同时，演出期间还进行 4 次烟花表演。文艺演出规模大、级别高、影响大，对气象服务保障要求极高。

由于"鸟巢"是露天体育场，舞台、道具、音响和大屏等电子设备，以及群众观演等都对降雨较为敏感。文艺演出多个高空表演项目对降雨、风力、风向等气象条件极为敏感。烟花的主要燃放点在"鸟巢"冠顶，对降雨、风力、风向等气象条件都有很高的要求，风力在 3 级、4 级最为适宜，风力超过 6 级时存在安全隐患，而风力太小甚至静风，烟花燃放所产生的污染物无法及时扩散，影响观赏效果。此次演出的观众席位于西侧、西北和西南看台，最不利的风向为东风、东北风和东南风，而西风、西北风、西南风均较为适宜燃放。

此次重大活动气象保障工作面临多方面的挑战：一是演出期间恰逢北京汛期，高温、强降雨、短时大风、冰雹等高影响天气频发，预报难度大；加上三场演出时间跨度长，遇到突发性、局地性天气的概率更高。二是气象服务对象多，关注点各有侧重，总指挥部下设置多个分指挥部，不同服务对象提出的服务需求也不尽相同。三是气象保障的要求极高，如烟花燃放等环节精确到分钟，需要提供精确到分钟级的低空风预报，而场馆小环境对风向风速的空间分布有较大影响，预报难度大。

（2）现场气象服务任务

针对本次活动，气象部门按照最高标准开展了需求调研分析、方案编制、风险评估、关键技术研究、团队组建等大量工作。应活动组织方要求，演出当天气象部门派专家团队进驻国家体育场开展气象服务。建立会商室专家团队、鸟巢现场服务人员、鸟巢外围应急指挥车三方联动机制，根据演出和焰火燃放的关键时间节点，提供精确到分钟的风雨影响预报。

现场气象服务主要任务包括如下。

一是实时天气跟踪，及时向指挥部汇报最新天气情况。现场气象服务人员定时开展国家体育场地区云量云高、能见度、天气现象观测，逐小时通过手台向指挥部汇报国家体育场周边天气实况和预报。

二是实时互动联动，架设起气象部门与指挥部的沟通桥梁。一方面，现场气象服务人员通过现场气象观测和实地感受，及时向后方团队报告现场最新天气情况。同时，作为指挥部成员将最新动态告知后方专家团队，根据需求开展天气研判，比如观众进场和撤场时间、演出进展情况、烟花燃放的时间节点，以及精确到分钟级的风向、风速预报需求等。另一方面，现场气象服务人员也及时向指挥部汇报气象部门工作情况，包括组建专班团队、联合会商、人工影响天气（简称人影）工作等。

三是提供气象相关的决策咨询。每一次滚动更新预报后，现场气象保障人员第一时间向现场相关领导和负责人解读最新的天气预报信息，通过专业的角度、通俗的语言解释天气发展趋势，以及对文艺演出、烟花燃放、观众组织、医疗保障、交通运行等是否会造成影响，使指挥部各层管理者更好理解预报信息，高效开展各项工作。

4.4.2.2　文艺演出期间天气

6月25日白天天气阴天间多云，傍晚到夜间北京地区出现雷阵雨，北部大雨、局地暴雨，并伴有短时强降雨、大风、冰雹等强对流天气（图4.29）。"鸟巢"地区主要影响时段为21：10—22：40（演出期间），累计降水量8.3 mm（图4.29b），距其2 km外已达中雨，距其5 km外大雨，距其9 km外暴雨。另外，"鸟巢"地区降雨初期出现明显降温（20 min降温6.6℃），极大风13.7 m/s（6级），鸟巢冠顶极大风达19.4 m/s（8级）。

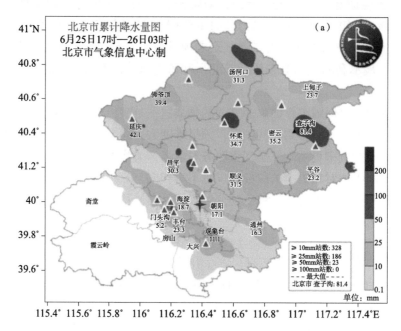

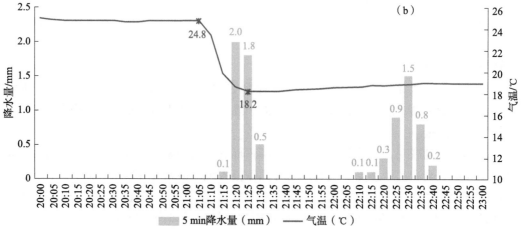

图4.29　2021年6月25日北京地区天气实况（a. 25日17时—26日03时降水量和冰雹分布图，b. 25日20—23时奥体中心逐5 min降水量和气温时序图）

4.4.2.3　短期气象分析

（1）天气形势分析

6月23日提前两天预报25日傍晚至夜间有雷阵雨风险。24日下午大会商研判25日傍晚前后北京地区有冷槽过境，在低层暖湿环境下，高空有干冷空气侵入，25 日 20 时对流有效位能 CAPE 值超过 1400 J/kg，K 指数达 37℃，并且 0～6 km 高度存在较强的垂直风切变（图 4.30），预报 25 日 19 至 20 时"鸟巢"地区有雷阵雨，伴有 7 级左右短时大风。前一天的大会商对本次过程的分歧较大，一是对流潜势的判断，不少会商单位认为 24 日夜间至 25 日上午有系统性降雨过程，在过程结束后短短的几个小时内，能量等环境条件不利于再次出现对流天气。二是中尺度模式的稳定性问题。尽管提前 2 d 预报有对流天气，但出现时间、范围和强度上存在分歧，多个循环预报结果不尽相同，稳定性欠佳。三是单点预报的准确率问题。即使 25 日北京出现对流和降雨，但是对流性天气特征之一是局地性特征显著，是否会影响到鸟巢地区始终把握不大。

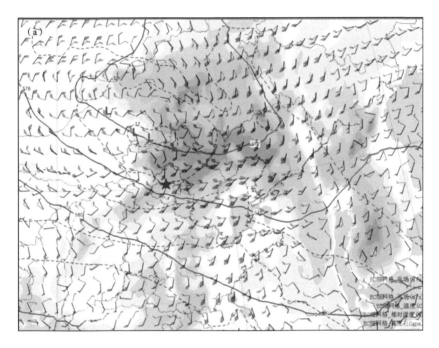

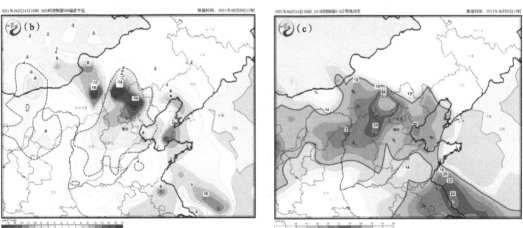

图 4.30 欧洲数值模式 EC 预报 25 日 17 时 500 hPa 形势图（a）、500 hPa 温度平流（b）、0～6 km 风切变（c）

（2）短临天气跟踪

25 日中午前后，内蒙古中部与河北张家口交界附近有对流回波生成，并缓慢向东南方向移动。18 时，移至河北崇礼附近的强回波中心距离"鸟巢"约 150 km（图 4.31a），移动速度 30～40 km/h。对流云团排成排，逐渐形成飑线向南移动，造成北京北部大范围雷暴大风，强单体首先造成延庆、怀柔局地冰雹天气；延庆本站 4.5 cm 大冰雹。20 时，飑线下山后东南风和偏北风辐合加强，且位置偏东；辐合线附近对流触发合并（图 4.31b），线状对流移动的方向为"自北向南"，下山后移速加快，约 50 km/h，且组织性加强，中心强度超过65 dBZ。21 时前后，降雨回波影响鸟巢（图 4.31c），鸟巢风力逐渐加大，5 min 后开始掉雨点，21 时 15 分前后雨强加大。22 时 05 分至 40 分"鸟巢"再次出现阵雨（图 4.31d），冠顶阵风 3、4 级，与预报基本一致。

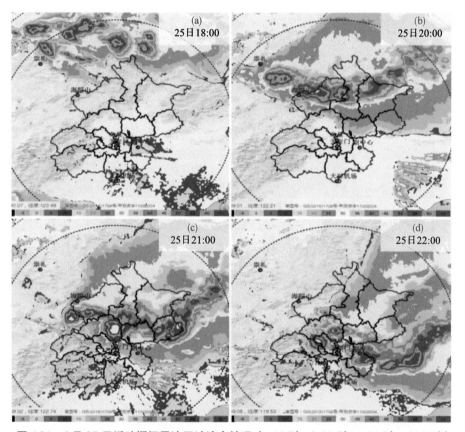

图 4.31　6 月 25 日活动期间雷达回波演变情况（a.18 时，b.20 时，c.21 时，d.22 时）

4.4.2.4　现场气象服务

（1）现场服务回顾

针对可能出现的雷雨天气影响，现场气象服务成员 6 月 25 日中午就开始进驻鸟巢，持续为组委会汇报天气（图 4.32）。现场气象服务人员及时向文艺演出、焰火、群众组织等部门实时滚动汇报未来降雨和大风发展趋势，关键时段逐 10 min 向指挥部汇报鸟巢周边天气，提出防范建议，所有烟花均燃放完毕，圆满完成本次演练活动。

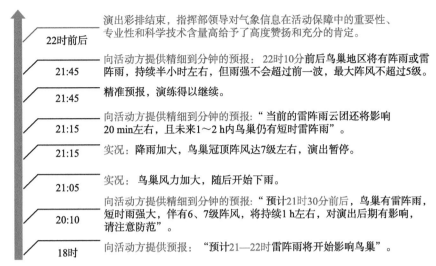

演出彩排结束，指挥部领导对气象信息在活动保障中的重要性、专业性和科学技术含量高给予了高度赞扬和充分的肯定。

22时前后

向活动方提供精细到分钟的预报：22时10分前后鸟巢地区将有阵雨或雷阵雨，持续半小时左右，但雨强不会超过前一波，最大阵风不超过5级。

21:45

精准预报，演练得以继续。

21:45

向活动方提供精细到分钟的预报："当前的雷阵雨云团还将影响20 min左右，且未来1～2 h内鸟巢仍有短时雷阵雨"。

21:15

实况：降雨加大，鸟巢冠顶阵风达7级左右，演出暂停。

21:15

实况：鸟巢风力加大，随后开始下雨。

21:05

向活动方提供精细到分钟的预报："预计21时30分前后，鸟巢有雷阵雨，短时雨强大，伴有6、7级阵风，将持续1 h左右，对演出后期有影响，请注意防范"。

20:10

向活动方提供预报："预计21—22时雷阵雨将开始影响鸟巢"。

18时

图 4.32　鸟巢重大活动现场气象服务回顾

活动保障期间，现场服务人员及时将鸟巢现场"云、能、天"（云状、云量、能见度、天气现象）状况及天气直观感受等信息反馈给后方专家团队，为订正预报提供参考。25日18时，现场服务人员提前3 h提示雷雨影响鸟巢的时间及风险；20时提前1 h给出精细到分钟的确定性结论，以及决策建议。20时10分现场保障人员果断上报，预计21时30分前后，鸟巢将受到雷雨影响，持续1 h左右，对演出后期有影响，请注意防范。

21时前后"鸟巢"风力逐渐加大，21时15分前后雨强加大，鸟巢冠顶阵风达8级，演出暂停。此时还有约45分钟的节目未排练，两波烟花未燃放。"降雨还会不会加大？要持续多久？鸟巢冠顶风力趋势如何？"气象保障人员现场展示和分析了多波段雷达、卫星云图、北京睿图模式等最新的气象资料，预报当前的雷雨和大风还将影响20 min左右，且未来1～2 h内"鸟巢"仍有短时雷阵雨。

21时30分前后降雨逐渐减小，风力减弱，经过短暂的舞台清理，21时45分演出继续进行。此时"鸟巢"以阴天为主，焰火燃放部门急切询问未来的风雨趋势。经与后方专家团队会商后，认为上游昌平地区的回波变得松散，最大阵风也未超过6级，预计强回波中心将与鸟巢擦边而过，不会正面袭击鸟巢。虽然现场出现了降雨，但是活动主办方听取了气象预报，决定演出继续，烟花也按进程正常燃放。

（2）服务效果

针对6月25日演出当天强对流天气过程，在分歧较大的情况下提前2 d果断预报出鸟巢有雷阵雨和强对流天气，并且时间偏差在2 h以内，从过程研判和单点预报的角度，不失为一次成功的预报。

本次应对过程中，组委会与现场气象服务人员高频次互动，精确到分钟的风雨预报，为指挥部动态调整演练流程、做好烟花燃放的防风、防雨准备提供科学参考，保障了所有烟花的燃放和全流程所有节目的演练，规避了风险。演出结束后，指挥部领导对现场气象服务人员表示感谢，充分肯定了气象信息在演出保障中的重要性。

本次演练过程结束后，活动保障指挥部再一次强烈地感受到不利气象条件对重大活动顺利举办的影响，甚至可能导致整个活动无法顺利进行。从而更加关注天气可能对后续活动造成的影响，要求气象部门加强研判。综合考虑各方面的因素，原定于 6 月 29 日的演出活动提前至 28 日，原定于 7 月 1 日上午 9 点的活动提前至 8 点开始，可能是考虑天气的影响。

4.4.2.5　体会与感想

本次活动保障面临着气象条件最为复杂多变、气象预报精准度最具挑战、人影作业压力历史最大，对精准预报和人影作业提出艰巨考验。为此，气象部门提前半年以上的时间开展各项筹备工作。按照"精精益求精、万万无一失"的要求，坚持细致再细致、周密再周密，以最坚决的态度、最周密的筹划和最高的标准，出色完成了气象服务保障各项任务。文艺演出气象保障工作，无论是预报的精准度、还是服务的精细度，以及整个流程的衔接度，都体现了气象部门最高级别的综合保障能力。从现场气象服务的角度，对重大活动的高标准、严要求有了更深的体会和感受。

（1）精准预报是重大活动保障的前提

国家级全球模式和北京自主研发的高分辨率区域数值预报模式在文艺演出的关键节点预报中起到了很重要的支撑作用，但对雷雨、大风等强对流预报的精准度、稳定性、提前量，距离重大活动保障高要求仍有较大差距。因此，今后需加强对强对流机理研究和复盘，加强对各种数值预报模式的综合分析使用能力，评估各种模式的性能、特点、优劣；同时坚持不懈地持续发展中小尺度模式预报技术和客观预报方法，提高强对流天气的预报预警能力，为有效开展重大活动精细化气象服务奠定基础。

（2）现场服务已经成为重大活动保障不可或缺的部分

重大活动气象保障对定时、定点、定量预报提出更高的要求，现阶段天气预报还难以做到完全准确。比如，本次保障过程中气象服务专报表格的逐小时确定性预报不能完全体现出预报的科学性，会造成服务的对象只关注重要时次是否报了天气，忽略了如果相邻的时次报了雷雨也有影响的风险。如果决策者以精细到小时的确定性结论进行后续工作安排，可能对活动部署带来风险。现场气象服务人员需要对服务对象加强天气预报的科普解读，包括文字预报产品的解读、强对流天气特点科普，以及可能出现的气象风险等。现场人员与后方团队的沟通非常重要，包括现场的"云、能、天"观测，体感温度，微尺度下的风向变化等。另外，突发天气下，现场天气报告是最快速、最便捷的服务方式，现场人员临机决断显得尤为重要。

（3）数字化决策气象服务平台是重要工具

现场服务人员向指挥部展示和汇报天气时，如果通过不同系统平台切换调取卫星、雷达、自动站监测数据和预报服务产品，就会导致效率不高。特别是高影响天气下，需要快速调取不同资料进行分析和展示。因此，数字化重大活动支撑平台显得尤为重要，包括针对活动关键区域内天气信息数字化、三维立体、动态演变综合展示的一体化决策气象信息产品可视化。因此，需完善决策服务平台重大活动保障功能，将气象信息全流程融入重大活动保障中，实现数字气象信息在重大活动决策指挥中的可视化应用；开发更便于用户理解、感知的数字气象服务产品，充分展示气象现代化成果，提升现场气象服务科技支撑。

4.5 小结与讨论

城市安全运行和重大活动保障是北京决策气象服务重要组成部分，特别是高影响天气下既要保障城市安全运行，又要兼顾重大活动保障，对数字化、智能化气象服务提出更高的要求。经过多年发展，北京已经初步实现了数字化、智能化融入城市安全运行，包括气象数据融入防汛指挥、森林防火、危化应急等各类应用场景，实时在应急指挥大厅及移动端展示；并建立了部门联动机制。近年来，北京以"首善"标准稳步推进全市智慧城市建设，提出通过智慧城市建设，引领数字社会便捷高效、数字经济创新涌现、数字生态蓬勃发展，全面服务于北京政治中心、文化中心、国际交往中心、科技创新中心的城市战略定位。

针对北京智慧城市建设，气象部门要全面拥抱数字气象，加快人工智能等新技术在气象业务和服务领域的深度融合应用，构建与之匹配的新型气象业务体系，更好地融入城市安全运行和重大活动运行体系。同时，逐步以气象为主导的"气象+"服务理念，转变为融入式的"+气象"服务方式，为城市运行提供全灾种、全时域、全行业、全周期的数字化气象服务，充分发挥气象防灾减灾第一道防线的作用。

第 5 章
未来发展

5.1 总体形势

首都超大城市气象高质量发展与国家发展战略密切相关。2015 年，中央城市工作会议提出城市治理是系统工程，需要统筹生产、生活、生态三大布局，要把安全放在第一位；2018 年，中共中央办公厅国务院办公厅印发《关于推进城市安全发展的意见》，提出智慧城市、数字城市、海绵城市、韧性城市、气候变化适应城市建设。2020 年，党的十九届五中全会提出推进城市生态修复、统筹城市规划、增强城市防洪排涝能力、加强特大城市治理中的风险防控、建设现代化都市圈等。中国气象局高度重视，提出要把发展大城市气象保障服务作为气象部门落实总书记对城市发展和气象工作指示精神的重要抓手。要把做好大城市气象保障服务作为气象部门服务国家战略的具体举措，要把大城市气象保障服务作为推动气象事业高质量发展的试验田和先行区。

北京超大城市人口密集、下垫面脆弱，面临着"夏季防汛、冬春防火、全年应急"的保障压力，加上重大活动保障任务多，一年四季都面临着高标准、严要求的服务任务，首都影响和舆论放大效应明显。目前，北京正在大力推进全域场景开放的智慧城市 2.0 阶段，数字赋能城市运行管理全周期、经济社会发展新场景、新业态对气象服务提出了新需求、新问题，对天气预报的精准度和优质气象服务的期望越来越高。决策气象服务是面向政府部门城市安全运行调度的重要窗口，也是气象服务现代化的重要组成部分，面临着重大机遇和挑战。气象部门需要树立全球视野，对标国际先进，强化科技创新，形成有城市鲜明特色的气象保障服务高质量发展新格局。

5.2　对策建议

新时代新征程推动决策气象服务，实现气象高质量发展，需要狠抓气象科技能力现代化"硬实力"，实现科技领先、监测精密、预报精准、服务精细、人才集聚，融入首都经济社会发展，充分发挥气象防灾减灾第一道防线作用，全方位保障生命安全、生产发展、生活富裕、生态良好。

5.2.1　持续推进大城市精准预报能力提升

北京地形复杂，西部、北部是山区，东南部是平原，雷暴下山是加强还是减弱的机制还不清晰，山下中尺度环境的时间和空间差异、雷暴与环境相互作用过程及发展演变机制还需要深入研究；不稳定能量、水汽、低空急流的精细空间分布，仍需加强雷暴与环境相互作用过程及发展演变机制研究。中小尺度天气系统机理认知能力需要进一步提升，包括低涡系统的机理研究、低涡热动力结构、发展演变机理和影响机制、低涡不同部位诱发强对流天气类型与强度的差异等。暖区强降雨的落区、量级与影响时段的研究还需加强。不同高度水汽环境条件、不稳定特征、风切变特征对暖区暴雨中尺度系统形成和发展的影响还不够深入。下一步，需要加强城市高影响天气科学观测试验，以及对于天气系统宏观和微观的认识，加强人工智能技术应用等。

5.2.2　智能化系统平台及数字化产品研发

智能化、集约化的系统平台是开展决策气象服务必备的工具，遵循"减量提质、创新驱动"的原则，着力搭建基于三个系统平台的总体业务布局：一是北京决策气象服务系统，该系统针对业务人员研发；通过对接多源实况和智能网格业务，提高基础决策服务产品制作发布效率，最大化减少人工干预环节；引进冬奥智能分析模块，实现北京地区关键点位气象要素多方式、立体化可视化展示，为重大活动现场人员分析、解读天气提供支撑。二是完善短时临近监测气象服务平台，该平台针对决策服务用户研发，可以提供雷达、云图、重要天气报告等关键产品和决策材料查询，并从需求出发适量增加实况统计对比分析。三是建立移动工作平台 APP，为移动端查看气象关键信息提供支撑；一方面是集成预报员分析天气高频次应用的气象实况、模式预报等图形化产品，另一方面，作为气象服务方式之一，为防汛应急责任人提供雷达、卫星云图、决策服务材料等通俗易懂的气象信息查询。

5.2.3　建立多领域智能气象服务方法库

科技支撑是实现数字化发展的重要支撑，决策气象服务的科技支撑涉及跨部门、跨专业多领域研发，包括关键点预报技术、智能发布技术和影响评估三方面。具体包括：一是针对重大活动关键点位的客观预报技术方法库。应用人工智能技术针对天安门、国家体育场、怀柔雁栖湖、冬奥海坨山等重大活动常态化举办地点的客观预报技术订正方法，支撑从数据到规范化决策气象服务产品的全流程制作发布。二是智能化产品制作发布技术。开展决策服务材料的特征分析，综合机器学习、自然语言生成等技术，研发智能文字产品生成引擎，实现面向不同场景的气象服务产品智能加工、按需加工和交互加工。三是发展"气象＋"多领域融合的影响预报与风险预警业务。深入研究不利气象条件对各行业的影响，建立气象风险阈值指标，为开展基于决策用户承载力与决策服务过程相结合的交互式预报服务提供支撑。

5.2.4 建立内容丰富的气象服务知识库

知识库是存储、处理知识，以及提供知识服务的重要知识集合，也是提供知识挖掘分析的前提。通过开展气象知识的挖掘分析，从海量的气象数据中寻找关键信息，以便为决策用户提供更加针对性的气象服务。一是挖掘气象知识关键特征信息，针对 5 a、10 a、20 a、30 a、50 a 不同时间序列的气象数据进行整理和分析，按照一定的规则提炼对决策气象服务具有辅助作用的关键信息，如气象要素的极值统计、天气成因、典型案例等素材。二是建立气象灾害防御提示库，通过分析气象对交通、供暖等城市安全运行不同的影响和影响程度，形成分级别的防御建议，为决策用户提供有温度的气象服务。三是建立气象科普素材库，为决策用户的科普工作提供支撑，包括基本气象知识、常用服务用语解读等。

5.2.5 加强部门合作，积极推进基于风险的预警业务

全球气候变暖背景下，重大气象灾害多发重发频发，灾害链延伸，连锁、放大效应突出。世界气象组织发布《基于影响的多灾种预报和预警服务指导原则》，明确提出将基于影响的多灾种预报和预警付诸实施，欧美等多个国家正逐步发展基于影响的预报和预警服务，灾害风险业务成为国际国内防灾减灾发展的主流和方向。因此，需要强化风险意识，开展气象灾害影响的趋势预判，针对不同用户群体不同需求和关注，明确气象灾害的可能影响，因地制宜、分类施策，最大程度减轻气象灾害风险。下一步需要加强与交通、水务、规自委、森林防火等部门合作，研究不利气象条件对各领域的影响，建立气象风险等级指标，逐步建立基于决策用户的承载力及决策服务过程相结合的交互式预报服务，实现传统天气预报向影响预报和风险预警的转变。

5.2.6 建立决策气象服务策略

在天气预报准确率短时间内难以大幅度提升的前提下，气象服务策略是有效提升服务效果的捷径，特别是天气预报与实况有偏差时，往往可以及时通过气象服务弥补。策略的应用充分体现了气象服务的艺术，最大化发挥气象信息的效能，提高决策用户体验度。一方面，要针对决策气象服务用户，根据不同用户需求特点分别建立产品清单，分用户、分天气类型提供针对性气象服务。比如，结合防汛部门应急响应的提前量，找到"早"和"准"的平衡

点，注意在关键时间节点发布关键气象信息等。另一方面，针对决策气象服务业务，建立"规范化＋灵活性"相结合的服务模式；规范化是指对于同一决策用户，气象服务产品内容、发布方式、服务用语等相对固定，不同的值班员均采用统一的标准；同时在规范化的基础上掌握灵活性，赋予值班员一定的权限，不同的值班员对于同一场景也可以根据天气预报的不确定性灵活把握跟进的频次，包括注意气象服务的连续性、产品发布的时机、跟进的频次等，充分体现"以人为本"的服务理念。

5.2.7　针对城市安全运行开展气象科普

由于政府部门人员调整等多方面因素，每年也不乏新加入从事气象应急工作的决策者。加上气象专业性强，对于什么样的气象条件，以及不利气象条件达到什么程度可能引发灾害并不是十分清楚。科普工作是决策气象信息"发得出、用得上、用得好"的"最后一公里"。一是建设高素质的科普人才队伍，针对性地开展基本气象知识、气象服务产品应用、气象灾害预警及防御等相关培训，可以作为决策气象服务首席培养的工作要求。二是打造一批通俗易懂的气象科普产品，诸如制作简约的"防汛知识明白卡"等产品，形象化地展示各种天气现象、气象防汛应急知识等。三是加强防汛应急人员的日常业务培训，每年两次以上走访、访谈等常态化培训交流和自然灾害宣传教育机制，深度融入地方政府综合减灾应急体系，提高决策用户风险管理能力和灾害防治意识，提升全社会气象灾害防御能力。通过构建协同联动的气象灾害防御机制，全面融入地方政府应急管理体系和自然灾害防治体系建设。

5.2.8　打造两支专业化决策气象服务团队

针对首都日益增长的决策气象服务需求，强化综合型服务人才的培养，特别是社会心理学基本知识的培训。重点要打造两支专业化的决策气象服务团队，一是培养更多的首席气象服务专家，能够熟练驾驭现代预报技术、擅长多源资料应用、具备交叉学科知识和经验积累（把握不同用户需求、历史事件的深入了解）、对各类灾害天气具有较强的风险意识和服务敏感性。建立岗位轮换机制，要求决策服务首席每年在预报首席岗不少于 2 个月的轮值。二是培养具有天气分析能力、具备良好沟通能力和临机决断能力的重大活动现场气象服务专家团队。历次重大活动保障表明，现场气象服务是最快速、最有效的服务方式，通过服务人员在活动现场对气象条件的感受，可以对天气进行快速订正，并把最新的天气情况以通俗易懂的语言与现场决策者进行充分沟通，以及科普解答天气预报的科学性、复杂性、不确定性等，力争在天气预报不确定的情况下进行科学有效的决策气象服务。

同时，要大力推进数智化决策气象服务体系的保障机制建设。建立阶梯型人才培养机制，探索从新预报员到业务骨干到决策服务首席的培养模式，明确各岗位的培养重点；建立以业绩为导向，建立与岗位职责、工作技能、实际贡献紧密挂钩的激励和约束机制；建立气象服务关键核心技术联合攻关机制，推动重点领域项目、人才、资金一体化配置。

参考文献

丁一汇，2015. 论河南"75·8"特大暴雨的研究：回顾与评述 [J]. 气象学报，73（3）：411-424.

甘璐，邢楠，雷蕾，2020a. 北京"8·11"崩塌地质灾害气象成因分析 [J]. 干旱气象，38（3）：433-439.

甘璐，荆浩，吴宏议，2020b. 提升重大活动气象保障能力的对策与建议 [J]. 气象软科学（4）：27-34.

甘璐，郭金兰，雷蕾，等，2021. 北京世园会开幕式期间弱降水天气成因 [J]. 气象与环境学报，37（3）：12-18.

甘璐，段欲晓，时少英，2023. 北京重大活动气象保障经验与启示 [M]. 北京：气象出版社.

季崇萍，张迎新，乔林，等，2020. 北京天气预报手册 [M]. 北京：气象出版社.

李修仓，张颖娴，李威，等，2023."23·7"京津冀暴雨极端性特征及对我国城市防汛的启示 [J]. 中国防汛抗旱，33（11）：13-18.

王琳，任宏利，陈权亮，等，2017. 基于逐步回归模态投影方法的 BCC 气候系统模式 ENSO 预报订正 [J]. 气象，43（3）：294-304.

吴宏议，李津，张明英，2010. 浅谈现场气象保障服务工作 [C]. 气象服务发展论坛文集，282-288.

向波，2020. 智能气候预测技术及系统研发 [M]. 北京：气象出版社.

许小峰，2017. 现代气象服务 [M]. 北京：气象出版社.

尤焕苓，叶彩华，2021. 洞悉四季——北京市公众气象服务技术手册 [M]. 北京：气象出版社.

于连庆，胡争光，薛峰，2020. 中央气象台决策气象服务智能移动终端的设计与实现 [J]. 海洋气象学报，40（1）：117-126.

张永恒，薛建军，温显罡，等，2013. 重大活动决策气象保障服务探讨 [J]. 阅江学刊（2）：36-42.

附录 A 降水等级

按照气象部门标准规范，降雨量和降雪量通常使用 12 h 和 24 h 的标准，见附表A。

附表 A 降水量等级

降水等级	12 h 标准 /mm	24 h 标准 /mm	降水等级	12 h 标准 /mm	24 h 标准 /mm
微量降雨（零星小雨）	<0.1	<0.1			
小雨	0.1~4.9	0.1~9.9	小到中雨	3.0~9.9	5.0~16.9
中雨	5.0~14.9	10.0~24.9	中到大雨	10.0~22.9	17.0~37.9
大雨	15.0~29.9	25.0~49.9	大到暴雨	23.0~49.9	38.0~74.9
暴雨	30.0~69.9	50.0~99.9	暴雨到大暴雨	50.0~104.9	75.0~174.9
大暴雨	70.0~139.9	100.0~249.9	大暴雨到特大暴雨	105.0~170.0	175.0~300.0
特大暴雨	≥140.0	≥250.0			
微量降雪（零星小雪）	<0.1	<0.1			
小雪	0.1~0.9	0.1~2.4	小到中雪	0.5~1.9	1.3~3.7
中雪	1.0~2.9	2.5~4.9	中到大雪	2.0~4.4	3.8~7.4
大雪	3.0~5.9	5.0~9.9	大到暴雪	4.5~7.5	7.5~15.0
暴雪	6.0~9.9	10.0~19.9			
大暴雪	10.0~14.9	20.0~29.9			
特大暴雪	≥15.0	≥30.0			

附录 B　风向风力等级

风速表示风的大小，单位时间内空气在水平方向上的位移，单位为 m/s、km/h 或节[①]（knot）（注：1 节 =1 海里 /h）。根据不同的风速对地面（或海面）物体影响程度，划分为不同的风级，详见附表 B。

附表 B　风力等级划分表（蒲氏风级）

等级	名称	单位 /（m/s）	单位 /（海里 /h）	单位 /（km/h）	地面现象
0	无风	0～0.2	小于 1	小于 1	静，烟直上
1	软风	0.3～1.5	1～3	1～5	烟示风向
2	轻风	1.6～3.3	4～6	6～11	感觉有风
3	微风	3.4～5.4	7～10	12～19	旌旗展开
4	和风	5.5～7.9	11～16	20～28	吹起尘土
5	劲风	8.0～10.7	17～21	29～38	小树摇摆
6	强风	10.8～13.8	22～27	39～49	电线有声
7	疾风	13.9～17.1	28～33	50～61	步行困难
8	大风	17.2～20.7	34～40	62～74	折毁树枝
9	烈风	20.8～24.4	41～47	75～88	小损房屋
10	狂风	24.5～28.4	48～55	89～102	拔起树木
11	暴风	28.5～32.6	56～63	103～117	损毁重大
12	台风或飓风	32.7～36.9	64～71	118～133	摧毁极大
13	—	37.0～41.4	72～80	134～149	
14	—	41.5～46.1	81～89	150～166	
15	—	46.2～50.9	90～99	167～183	
16	—	51.0～56.0	100～108	184～201	
17	—	56.1～61.2	109～118	202～220	

备注：最大风速指某个时段内最大 10 min 的平均风速值；极大风速（即阵风）指某个时段内出现的最大瞬时风速值，即 3 s 的平均风速。

---

①　1 节（海里 /h）= 1.852 km/h。

附录 C 全年高影响天气决策服务关注重点

根据北京地区每个季度天气气候及气象灾害特点，分析整理各季度气象灾害或影响天气决策服务关注重点如下，详见附表C：

附表 C 不同季节高影响天气决策气象服务关注重点

季节	主要天气及灾害	主要影响	典型个例
春季 （3—5月）	春旱及冬春连旱	影响返青作物生长发育和春播作业，导致城市和森林火灾风险加大	2017年10月23日—2018年3月16日北京观象台无有效降水日达145 d，为观象台建站以来最长记录。期间森林火险4次共11 d升级为橙色预警
	大风	对简易建筑物、广告牌、树木、高空悬挂物、高空作业、交通、电力设施、设施农业、城市运行和森林火险的影响	2020年3月18日北京出现6级左右偏北风，阵风8～9级，局地达10～12级，3个国家站突破3月历史极值。当天延庆、平谷、房山等多地发生火灾。 2019年5月19日北京出现5级左右偏北风，阵风达7～10级。东直门交通枢纽站东边的一墙体因瞬间强风倒塌，致3路人被砸身亡；西城区白纸坊西街大风刮倒了一棵大树，砸中一位外卖小哥致身亡
	沙尘天气	交通、环境、人体健康、空气质量有影响等	2021年3月15日北京出现近十年来最强沙尘暴天气，PM_{10}平均浓度峰值超过6000 $\mu g/m^3$，城区及南部最低能见度不足500 m。 2023年4月10—14日北京出现持续的沙尘影响，其中10日上午出现沙尘暴，全市PM_{10}平均浓度峰值达1384 $\mu g/m^3$，最低能见度小于1 km，局地不足500 m；12—14日受沙尘回流影响，有浮尘
	局地强对流天气	对人身安全、交通、电力、通信、航空、农作物有影响等	2019年5月17日北京局地地出现强对流，北部和东部多地出现冰雹，伴有6级以上短时大风，东部局地大暴雨和大暴雨，最大降雨出现在通州101农场179.1 mm。此次降雨突发性强，且最强降雨正值晚高峰，引起较大社会关注
	高温	对人体健康、作物生长、干旱、防火及城市安全运行有影响等	2014年5月29日，北京观象台最高气温达41.1℃，北京20个国家级气象站中有18个站突破建站以来5月同期极值。5月份出现40℃以上高温历史罕见

.195.

续表

季节	主要天气及灾害	主要影响	典型个例
夏季（6—8月）	暴雨	易引发城市内涝、山洪、以及泥石流、山体滑坡等地质灾害，对城市排水、交通、人身安全、农作物等有影响	2023年7月29日20时至8月2日7时，北京出现极端强降雨，全市平均降雨量达331 mm，占常年平均年降雨量（551.3 mm）的60%。降雨引发的严重洪涝灾害共造成全市131万人受灾，全市因灾死亡33人，因抢险救援牺牲5人，另有18人失踪；直接经济损失637.39亿元。 2012年7月21日北京出现大暴雨到特大暴雨天气过程，全市平均降雨170 mm。此次降雨共造成79人遇难，119.28万人受灾，直接经济损失118.35亿元
	强对流－短时强降雨	易引发局地积涝、山洪、泥石流等次生灾害，对交通、人身安全等有影响	2021年8月16日傍晚至夜间北京出现局地短时强降雨，伴有风雹。海淀闵庄最大小时雨量为21—22时54.8 mm，最大5分钟雨量19.8 mm，15分钟降雨46.2 mm。短时强降雨造成旱河路河道铁路桥下出现严重的积水，导致一辆车被困，车上两人遇难。 2017年6月18日门头沟上游斜羊沟石羊沟发生局地强降雨，最大小时雨强约100 mm（雷达反演估测），致使门头沟羊圈沟石羊沟发生山洪泥石流，5人遇难，1人失联
	强对流－冰雹	对农作物、人身安全和车辆等户外财物安全有影响	2022年6月12日北京出现强对流，11个区局地出现冰雹（最大直径5 cm），伴有6～8级短时大风；东北部及通州北部达暴雨量级，局地大雨出现在通州通顺马场139.9 mm。其中，密云区直接经济损失2.09亿元（占密云2021年GDP的0.6%）。 2016年6月29日下午和30日凌晨北京两次出现冰雹天气，其中30日凌晨大兴庞各庄镇和房山南窖水峪村出现乒乓球大小冰雹。冰雹造成大兴5个镇113个村农作物和设施受损，成灾面积15.48万亩，经济损失3.17亿元
	强对流－短时大风	对简易建筑物、广告牌、树木、高空悬挂物、高空作业、交通、电力设施、设施农业、城市运行有影响	2020年8月2日傍晚北京上空出现超级单体，局地伴有大风、冰雹和短时强降雨。朝阳和通州有6个站阵风超过30 m/s（11级），最大出现在通州的通顺马场，达37.1 m/s（13级），为该站建站以来最大。大风造成部分工棚受损、树木倒伏、供电故障等情况
	高温	对人体健康、作物生长、供电、供水、干旱、防火及城市安全运行有影响	2023年6—8月北京观象台高温日数达到34 d，较常年同期偏多24 d，为1961年以来最多；期间出现6轮持续性高温天气过程，其中6月22日、23日、24日连续3 d达40℃以上（首次），7月5日至10日连续6 d达37℃以上，均突破建站以来最长记录。6月至7月上旬北京地区降水明显偏少，气温明显偏高，呈现大范围干旱现象，也引发多起因热射病防亡事故，如7月2日北京颐和园一导游因热射病死亡

续表

季节	主要天气及灾害	主要影响	典型个例
秋季（9~11月）	低能见度天气或静稳天气	对航空、交通、空气质量、环境污染和人体健康等有影响	2018年10月12日夜间—16日上午，北京地区出现了一次空气重污染过程，造成长时间能见度维持较低。15日09时PM$_{2.5}$平均浓度达到峰值190 μg/m³；夜间有轻雾或雾，15日夜间能见度局地不足200 m
	大风	对简易建筑物、广告牌、树木、高空悬挂物、高空作业、交通、设施农业、火险等级等的影响	2022年9月22日北京出现5级左右偏北风，阵风8、9级，局地11级左右。房山发生施工设施被破坏，光伏电站毁环、玉米倒伏等灾情。2019年10月28日出现4、5级偏北风，阵风7~9级，山区局地阵风达10~12级；同时，受上游沙尘输送和本地局地扬沙影响，28日早晨部分地区PM$_{10}$浓度超过400 μg/m³。28日上午朝外SOHO附近，因大风吹倒灯杆造成1人受伤
	强降温	对交通、农作物、设施农业、供暖、人体健康及城市安全运行等有影响	2021年11月6~7日北京市出现暴雪、大风、寒潮天气，24 h最低气温和最高气温分别下降11.5℃和11.1℃，北京市气象台近5 a来首次发布寒潮黄色预警信号。北京因降雪提前9 d（11月6日零时）正式供暖
冬季（12月—次年2月）	初雪及大范围雨雪	对交通、农作物、设施农业及城市安全运行等有影响	2012年11月3~4日北京出现大雨转暴雪，全市平均降水量56.1 mm；过程相态复杂，最强降雪出现在3日夜间，大部分地区有暴雪；此过程为2012—2013年冬季初雪。暴雪造成地铁13号线停运，京藏高速、京新高速延庆段中断，近2000人被困八达岭高速，门头沟出现多处灾害性塌陷，设施农业大棚倒塌
	强降雪	对交通、农作物、设施农业及城市安全运行等有影响	2023年12月13~14日北京出现大雪到暴雪。全市中小学、幼儿园停课，倡导企事业单位员工错峰上下班，弹性办公。2022年2月13日北京出现大雪，局地暴雪；此场降雪恰逢北京冬奥会期间，对赛事和相关保障工作造成一定影响。2月13日，冬奥组委召开新闻发布会提到"五个一流"，其中之一为"一流的气象服务保障"
	低能见度天气或静稳天气	对航空、交通、空气质量、环境污染、人体健康、非职业性一氧化碳中毒的影响	2016年12月16~21日京津冀及周边地区出现持续性雾和霾天气，北京城区平均PM$_{2.5}$浓度在21日达到峰值432 μg/m³，16日晚8时，北京等6省市发布重污染红色预警，启动一级应急响应措施，部分制造业停产、限产，停止建筑工地室外作业，机动车实行单双号限行等保障措施实施

续表

季节	主要天气及灾害	主要影响	典型个例
冬季（12月—次年2月）	寒潮、大风	对交通、设施农业、简易建筑物、广告牌、树木、高空基挂物、高空作业、森林火险和非职业性一氧化碳中毒有影响	2021年1月6—7日北京地区出现5级左右偏北风，阵风8、9级，观象台48小时最低气温下降8.9℃，6日夜间达最低-19.6℃，为1966年以后冬季最低值，上甸子共6个站跌破建站以来全年历史极值；石景山、通州、昌平、霞云岭、顺义、密云
	持续低温	对供暖、供气、供电及非职业性一氧化碳中毒等影响	2023年12月15日至24日北京出现10 d持续低温天气，观象台最低气温持续低于-10℃，平均气温（-9℃）较常年同期（-1.5℃）明显偏低，极端最低气温为-15.5℃。极端最低气温、持续低温日数、日平均气温小于-9℃日数均突破近50年12月历史同期极值
	道路积冰	对交通出行影响	2001年12月7日北京出现小雪天气，由于地面温度低，道路结冰成"地穿甲"，导致了北京全城交通瘫痪，出现"世纪大堵车"

附录 D 部分决策气象服务产品样例

1. 雨量图表

降雨开始后进行实况跟踪，逐小时 / 逐半小时发布北京地区及京津冀地区雨情统计信息，关键时段逐 15 分钟发布。雨量表信息包括各区平均降雨量、最大降雨量点位、国家级站点降雨量，以及全市平均、城区平均、全市最大和分区域平均降雨量，见附图 D.1。

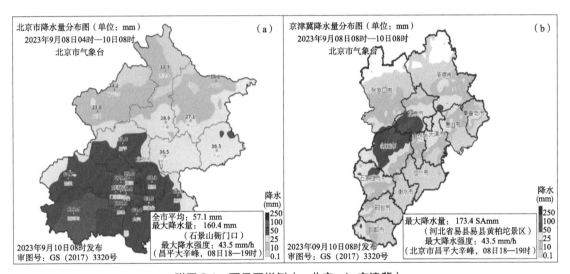

附图 D.1 雨量图样例（a. 北京；b. 京津冀）

2. 雨情快报长图产品

当北京地区出现降雨天气时，可以根据降雨情况自动生成不同组成的雨情快报长图产品，包括雨情实况文字信息、雨量分布图、当前市台预警信号发布情况、临近预报、京津冀雷达拼图、过程雨量 TOP10 表格和柱状图、最近 1 h 雨量 TOP10 表格和柱状图、雨量表等。根据服务策略和服务场景，选取模块进行组合，避免长图产品太长，影响服务效果，见附图 D.2。

附图 D.2　数字化雨情快报长图产品样例

3. 其他图形类产品

全市逐小时最大降雨量时序图，显示降雨开始以后，每个小时全市最大小时雨强，反映降雨的强度和变化，见附图 D.3。

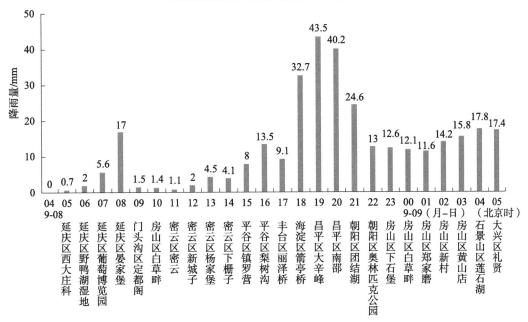

附图 D.3　逐小时最大小时雨强时序图